JN217725

日本政策投資銀行 Business Research

水道事業の経営改革

広域化と官民連携(PPP/PFI)の進化形

地下誠二[監修]
日本政策投資銀行 地域企画部[編著]

発行:ダイヤモンド・ビジネス企画 発売:ダイヤモンド社

『DBJ BOOKs』発刊にあたって

日本政策投資銀行（DBJ）の前身である日本開発銀行と北海道東北開発公庫は、戦後の日本経済・社会の復興を目的として設立されました。その後、経済環境や社会課題は大きく変遷してきましたが、常に挑戦と誠実という価値観を胸に、自らも変化しながら時代に即したソリューションを提供し、社会の持続的発展に貢献してきました。

今春からスタートした第4次中期経営計画においても、“持続可能な経済社会の実現に向け、ステークホルダーの皆様との対話を深めながら、経済価値と社会価値を創造するプロセスの不断の改善を図ること”としています。係る社会の実現のためには、産業の創造・転換と成長や地域の自立・活性化、インフラ再構築・強化など、さまざまな課題を解決しなければなりません。

そのために、DBJグループ一体となって、これ迄以上に創造的なソリューションを提供すべく、調査・研究活動など付加価値の源泉となる知的資本（ナレッジ：Knowledge）を更に強化し、これを「中核業務」の一つとして位置付け、その能力を粘り強く高めていくこととしています。

これまで、DBJグループによる調査・研究活動としては、例えば、設備投資計画調査（1956年以来60年以上の歴史を持ち、企業の国内設備投資動向に加えて、海外での設備投資や研究開発投資などについても調査）については、国の経済運営や企業経営、研究機関や大学における研究・教育などでご活用いただいております。また、各種レポート・刊行物の他、DBJグループからも『日経研月報』（日本経済研究所）や『経済経営研究』（設備投資研究所）、『NETT』（北海道東北地域経済総合研究所）などを通じて、調査・研究活動の成果を公表してまいりました。

そしてこのたび、最新のテーマや専門分野について、より幅広い読者を対象にわかりやすく解説し、理解を深めていただくことを目的として、『DBJ BOOKs』

シリーズを新たに刊行します。

同シリーズでは、さまざまな課題を抱える日本経済に多くの示唆を与え得るテーマを採り上げ、多様な視点から丹念に調査・分析を加えることで、わが国のめざすべき方向性を示し、実務に貢献してまいります。『DBJ BOOKs』が多くの皆様にとって身近で役立つ素材となり、社会課題解決の一助となれば、これに勝る喜びはありません。『DBJ BOOKs』を通じて、皆様と忌憚のない意見交換等出来ましたら幸いです。

最後に、『DBJ BOOKs』の発刊にあたり、DBJグループ職員の調査・研究に快くご協力いただき、多くの貴重な情報や資料、写真などをご提供いただいた企業、行政、NPO、住民などの地域関係者、そして編集・制作に多くの労を取っていただいたダイヤモンド・ビジネス企画の皆様には、この場を借りて厚く御礼申し上げます。

2017年11月

日本政策投資銀行　代表取締役社長　柳 正憲

はじめに

現在我が国では、国・地方ともに厳しい財政状況および人口減少の中で、老朽化する多くの公共施設・インフラの再構築や持続的運営へ向け、いかに適切に対応していくかという難題に直面している。この課題は、本書で採り上げている水道事業も例外ではない。

水道は、電気、ガス、燃料などとともに我々の生活に不可欠な基盤インフラである。これまで、水道以外のエネルギー産業では、将来の人口減少に伴う売上減を見据え、エネルギーの高カロリー化やコスト削減、また合併による規模の経済の追求等、さまざまな課題解決に取り組んできた。しかしながら、水道事業は公営ということもあり、千数百の事業者が統合も難しいまま現在に至っているなど、民間のユーティリティ（電力・ガス等）事業に比べ、課題解決に向けた対応が相当程度後手に回っている状況と考えられる。

本書は、そのような我が国の水道事業について、日本政策投資銀行（DBJ）が近年実施してきた最新の調査・検討内容を中心に取りまとめたものである。水道事業の現状・課題、成り行きモデルによる将来の厳しい絵姿の経営シミュレーション実施を踏まえた上で、課題解決の処方箋としての広域化・官民連携（PPP/PFI）および英仏水道事業からの示唆と検討を進めている。さらに水道事業の経営課題を解決するための現実的な手法について考察を実施している。また、補章では、水道事業の多面的な経営分析や、公営事業者へのアンケート結果を踏まえた考察などについても詳細に紹介している。本書の内容が、我が国の水道事業の課題解決へ向けて、各方面で参考となれば幸いである。

水道事業をはじめとする各種公共インフラ分野の課題解決は待ったなしであり、さまざまな構造改革なども近い将来に行われるものと考えられる。DBJでは、本書にとどまらず、今後もインフラ分野の課題解決へ向け、各種調査・情報発信・政策提言や各地域へのコンサルテーション・アドバイザリー、先導的プロジェクトへのリスクマネー供給など、さまざまな形で継続的に貢献していきたいと考えている。

2017年11月

日本政策投資銀行　常務執行役員　地下誠二

目次

※ 本書の複数箇所で、水道法改正（2017年3月閣議決定済）の動向に関し記載しているが、本件については、2017年9月の衆議院解散により改正法案は一旦廃案となり、今後改めて法案再提出の方向となっている。

※ 本書の中に、出典明記のない図表が複数あるが、それらについては、日本政策投資銀行の作成によるものである。

第1章

水道事業の現状・課題

1 水道事業の現状

（1）水道事業の概要

我が国の近代式水道は、1887年に完成した横浜市上水道を嚆矢とし、東京、大阪、京都と軍事的に重要な長崎、函館、新潟、神戸を中心に建設が進んだ。

第二次世界大戦により水道も大きな被害を受け、我が国の水道普及率は1950年には約26%に過ぎなかったが、1957年（普及率41%）の水道法制定以降、経済の発展とともに急速に普及が進み、1970年には80%を超え、2015年度末現在の水道普及率は97.9%となっている（図表1）。

我が国の水道事業（給水人口101人以上）は、計画給水人口が5,000人以下の簡易水道事業と5,001人以上の上水道事業からなる。2015年度末現在、地方公共団体が経営する水道事業数は2,081事業で、上水道事業1,344事業、簡易水道

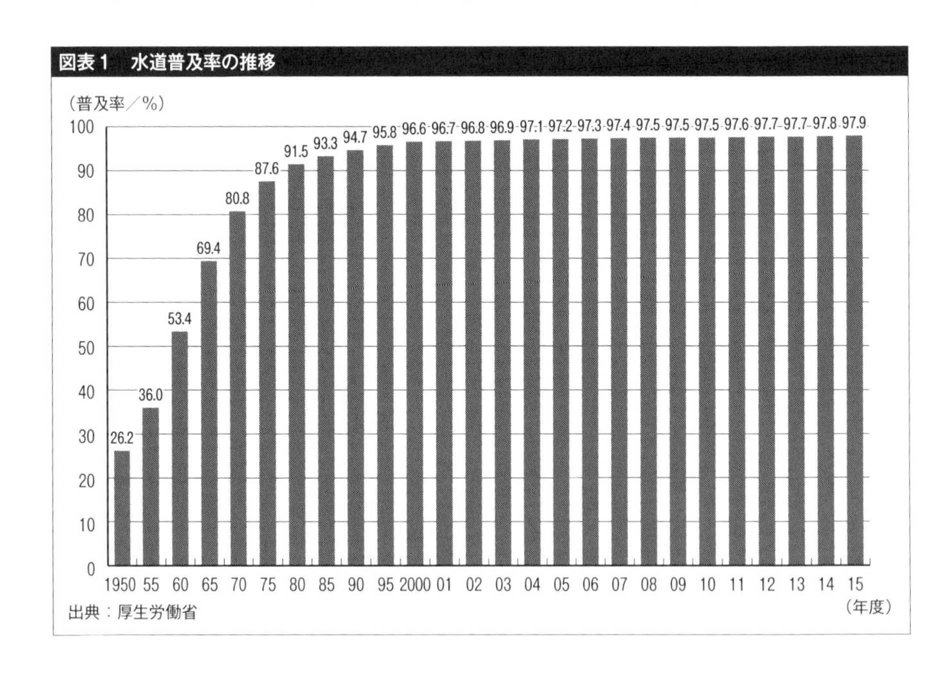

図表1　水道普及率の推移

出典：厚生労働省

事業737事業からなる（図表2）。

水道の経営主体は、水道法第6条第2項により「原則として市町村が経営するもの」と定められており、「市町村以外の者は、給水しようとする区域をその区域に含む市町村の同意を得た場合に限り、水道事業を経営することができるもの」とされる。

また、水道事業（簡易水道事業を除く）には地方公営企業法が適用される旨明記されており（地方公営企業法第2条）、地方公共団体内部において地方公営企業を設けて独立採算を前提とした特別会計にて経営されなければならない（地方財政法第6条、地方財政法施行令第46条）。

水道料金は、「能率的な経営の下における適正な原価に照らし公正妥当なものであること」が必要であると法律上規定されている（総括原価主義。水道法第14条第2項第1号。地方公営企業法第21条第2項）。具体的な算定基準のガイドラインは、公益社団法人日本水道協会が策定した「水道料金算定要領」に定め

図表2　水道事業数（2015年度決算対象事業数）

水道事業（2,081）

上水道事業（1,344）

	法適用企業	法非適用企業	合計
都道府県営	26	－	26
指定都市営	20	－	20
市営	687	－	687
町村営	515	－	515
企業団営等	96	－	96
（小計）	1,344	－	1,344

簡易水道事業（737）

	法適用企業	法非適用企業	合計
都道府県営	1	－	1
指定都市営	－	4	4
市営	9	235	244
町村営	16	470	486
一部事務組合営等	－	2	2
（小計）	26	711	737

合計	1,370	711	2,081

出典：総務省「2015年度地方公営企業年鑑」

られており、能率的な経営をしている場合の適正な営業費用に、事業を健全に運営していくために必要な資本費用を加え算出する（図表3)。ただし、日本水道協会の「水道料金算定要領」はあくまでガイドラインに過ぎないため、本要領に準拠していない事業者も多い。

水道料金は、各使用者が水使用の有無にかかわらず賦課される「基本料金」と、実使用水量に単位水量当たりの価格を乗じて算定して賦課される「従量料金」から構成される。

さらに、従量料金において、使用水量が多くなるに応じて段階的に単位水量当たりの価格が高くなる逓増料金制を採用する地方公共団体が全体の67.1%を占め、家庭など小口利用に比べ企業等大口利用の料金単価が高くなる傾向にある。

水道料金は、算定基準が地方公共団体により異なること、および水道料金の算出基準となる総括原価が個別水道事業者ごとに費用積み上げ方式で算定されることから、事業者によってまちまちである。

図表３　総括原価のイメージ図

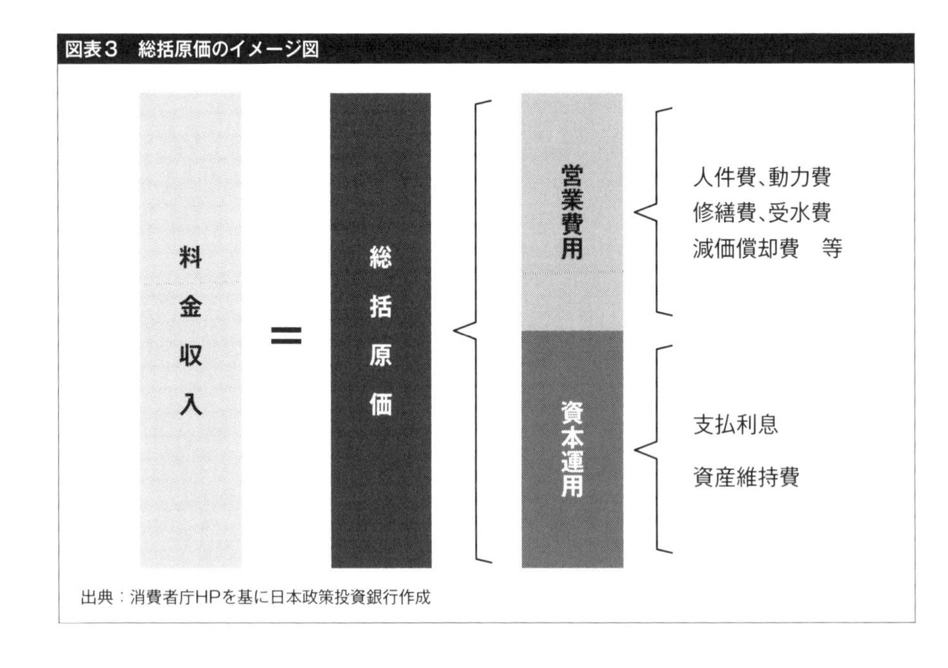

出典：消費者庁HPを基に日本政策投資銀行作成

（2）水道事業の経営状況

①設備の概要

2015年度末現在の水道事業（簡易水道事業を含む）の施設は、導送配水管延長は過去最長の763,693km、配水能力は2003年をピークに減少に転じ、8,936万5,000㎥/日となっている（図表4）。

導送配水管延長は、管路の整備により年々増加している。一方、2015年度末現在、水道施設の基幹的な管路のうち耐震適合管の割合は約37.2%に過ぎず、管路の耐震化が今後の課題である。近時は、耐震型継ぎ手を有するダクタイル鋳鉄管の普及も進みつつある。

配水能力が2003年にピークを迎えるのは、平成の大合併により配水施設の整理・統合が進んだことが背景にあると思われる。配水施設の中でも配水池の有効容量はほぼ経年で増加しており、2014年度には3,554万㎥となっている。配水池の貯留時間（配水池有効容量÷計画1日最大給水量×24時間）は、2005年度には11.6時間であったが、2014年度には13.6時間となっており、水の安定供

図表4　設備の概要（全事業）

	給水人口（千人）	配水能力（千㎥/日）	職員数（人）	有収水量（百万㎥）	1人当たり1日平均有収水量（ℓ）	有収率（%）
2007	124,631	91,359	55,109	14,492	318	89.9
2008	124,824	91,107	53,275	14,248	313	92.4
2009	124,929	90,787	45,185	14,090	309	92.4
2010	124,939	90,461	43,523	14,179	311	92.4
2011	124,774	90,335	42,577	13,888	304	91.9
2012	124,593	89,863	41,472	13,838	304	92.3
2013	124,485	89,670	40,515	13,755	303	92.5
2014	124,433	89,457	40,278	13,534	298	92.2
2015	124,457	89,365	39,426	13,532	297	92.3

出典：総務省「2015年度地方公営企業年鑑」を基に日本政策投資銀行作成

給に向け、配水池の整備が進みつつある。

2015年度の1日平均配水量は、5,376万8,000㎥/日、1人当たり1日平均有収水量は、1996年度の341ℓから減少を続け、2015年度は297ℓとなっている（図表4）。

年間総配水量に対する年間総有収水量の割合を示す有収率は92.3%（2015年）となっている（図表5）。ヨーロッパではイギリスの有収率が81%（2005年）、フランスが74%（同左）、東南アジアではバンコクの有収率が75%（2012年）、ジャカルタが61%（2011年）となっており、国際的に見ても高い水準にある有収率は我が国の水道事業の特徴的強みと言えよう。

図表５　施設の効率性（法適用企業、単位：%）

年	2015	2005	2005	2005	2005
国	日本	ドイツ	イギリス	フランス	イタリア
有収率（%）	92.3	93	81	74	71

年	2011	2012	2009	2012	2009
国	ブラジル	ロシア	インド	中国	南ア
有収率（%）	61	76	59	79	63

※１：日本以外はNonrevenue Water(%)を控除した割合であり、厳密には有収率と一致しない
※２：イギリスはEngland and Wales
出典：総務省「地方公営企業年鑑」他を基に日本政策投資銀行作成

②損益状況（図表6）

2015年度の法適用企業の料金収入は、2兆6,535億円で3年ぶりに前年度比+15億円の増収となったが、料金収入のピークは2002年度の2兆8,896億円であり、以後減収傾向にある。2015年度の営業収益は、2012年度のそれと比較すると526億円の減収となっている。減収の要因としては、有収水量の減少（節水意識の高まりや節水技術の向上により、1996年度以降、1人当たりの水使用量が減少していること、2010年度をピークに給水人口が減少していること等）が挙げられる。

2015年度の法適用企業の経常費用の主な内訳は、減価償却費が9,976億円（35.9%）、受水費が3,906億円（14.1%）、職員給与費が3,103億円（11.2%）、支払利息が1,753億円（6.3%）となっている。2012年度決算と比較すると、職員給与費が454億円の減少となっている（なお、減価償却費の増加は、2014年度からの地方公営企業会計基準の見直しによるテクニカルな影響によるものである）。水道事業は装置産業（資本の固定割合が高く資本回転率が低い産業）であることから、費用の大半が固定費であり、償却負担等が嵩（かさ）む中で、各水道事業者は人員削減等によりコスト削減に努めていることがうかがえる。

経常損益は、前年度比101億円増益の3,753億円、当年度純損益は、前年度比1,812億円増益の3,575億円である。2012年度決算と比較すると、経常損益は1,345億円の増益、当期純損益は1,259億円の増益となっている。大幅増益の要因としては、2014年度からの地方公営企業会計基準の見直し（長期前受金戻入の計上等）による影響が大きく、これを除いたベースで見ると、料金収入の減

図表6　法適用企業の損益状況

年度	2012	2013		2014		2015	
経常収益	29,591	29,554	▲37	31,592	2,038	31,535	▲57
営業収益（受託工事収益を除く）	28,250	28,154	▲96	27,705	▲450	27,724	19
料金収入	27,065	26,927	▲138	26,520	▲407	26,535	15
長期前受金戻入	-	-	-	2,560	2,560	2,477	▲83
経常費用	27,183	27,012	▲171	27,940	928	27,782	▲158
職員給与費	3,557	3,344	▲213	3,153	▲190	3,103	▲51
減価償却費	8,652	8,744	92	9,970	1,226	9,976	6
支払利息	2,146	1,976	▲170	1,867	▲109	1,753	▲114
受水費	4,028	3,969	▲58	3,924	▲46	3,906	▲18
経常損益	2,408	2,542	134	3,652	1,110	3,753	101
当年度純損益	2,316	2,466	151	1,762	▲704	3,575	1,812

出典：総務省「2015年度地方公営企業年鑑」を基に日本政策投資銀行作成　（単位：億円）

少を職員給与費の削減、負債圧縮および金利低下による支払利息の減少等により吸収し、略同水準の利益を確保する状況となっている。

黒字事業数は1,234事業（営業中の事業の90.2%）、赤字事業数は134事業（営業中の事業の9.8%）となっている。

③財政状態

2015年度末の法適用企業の総資産は30兆1,929億円で、うち24兆2,095億円（80.2%）を有形固定資産が占める。有利子負債は7兆6,500億円、資本勘定は14兆9,094億円となっている（図表7）。

図表7　法適用企業の財政状態（2015年度）

	金額		金額
固定資産	269,707	固定負債	78,059
有形固定資産	242,095	建設改良費等の財源に充てるための企業債	70,203
土地	13,744	流動負債	12,686
償却資産	417,899	建設改良費等の財源に充てるための企業債	5,482
減価償却累計額（▲）	200,538	未払金および未払費用	5,404
建設仮勘定	10,933	（有利子負債）	（76,500）
無形固定資産	23,060	繰延収益	62,086
投資その他の資産	4,552	資本金	123,147
流動資産	32,208	剰余金	25,947
現金および預金	27,127	資本剰余金	10,154
繰延資産	14	利益剰余金	15,794
		その他有価証券評価差額	4
資産合計	301,929	資本・負債合計	301,929

出典：総務省「2015年度地方公営企業年鑑」を基に日本政策投資銀行作成　（単位：億円）

有利子負債は2001年度をピークに減少しているものの（図表8）、料金収入の3倍近い水準となっており、今後の維持更新投資、耐震化投資等を考えると、高い債務水準が今後の経営に影響を与えかねない事業体もある。

図表8　法適用企業の有利子負債の推移

	2000年度	2001年度	2002年度	2003年度	2004年度	2005年度	2006年度	2007年度
有利子負債	117,954	118,691	116,542	114,679	112,363	109,557	106,349	101,505
前年度比	-	737	▲ 2,149	▲ 1,863	▲ 2,316	▲ 2,806	▲ 3,208	▲ 4,844
	2008年度	**2009年度**	**2010年度**	**2011年度**	**2012年度**	**2013年度**	**2014年度**	**2015年度**
有利子負債	97,655	94,550	91,327	87,761	84,218	80,333	78,821	76,500
前年度比	▲ 3,850	▲ 3,104	▲ 3,223	▲ 3,566	▲ 3,543	▲ 3,885	▲ 1,512	▲ 2,321

出典：総務省「2015年度地方公営企業年鑑」を基に日本政策投資銀行作成　（単位：億円）

④資本的収入および支出

資本的支出（建設改良費、企業債償還金）を補填財源（ほぼ利益と減価償却費に該当）と資本的収入（企業債新規借入および他会計出資金等）で賄う構造となっている。財源不足額はほとんどないため、資本的収支はほぼ均衡した状況にある。ただし、2015年度の資本的収入5,678億円のうち、他会計出資金等が1,468億円あるため、一般会計等他会計からの財政的負担があって初めて資本的収支が均衡している点には留意が必要である（図表9）。

図表9　法適用企業の資本的収支

項目＼年度	2012	2013	2014	2015
資本的収入　(A)	6,006	5,891	5,394	5,678
企業債	3,342	3,175	2,972	3,154
(うち建設改良のための企業債)	2,687	2,719	2,899	3,061
他会計出資金 (a)	650	608	579	556
他会計負担金 (b)	97	124	94	81
他会計借入金 (c)	41	53	76	102
他会計補助金 (d)	142	170	142	134
国庫(県)補助金 (e)	581	580	601	595
その他	1,153	1,180	929	1,056
うち翌年度への繰越財源　(B)	202	175	100	43
前年度同意等債で今年度収入分　(C)	10	17	12	26
純計　(A) − {(B) + (C)}　(D)	5,793	5,699	5,283	5,609
資本的支出　(E)	17,289	16,935	17,156	17,396
建設改良費	9,608	9,917	10,676	11,081
企業債償還金	6,763	6,300	5,743	5,650
(うち建設改良のための企業債償還金)	6,252	5,871	5,582	5,488
その他	918	719	737	665
資本的収入額が資本的支出額に不足する額　(F)	11,501	11,268	11,877	11,793
補塡財源　(G)	11,487	11,255	11,843	11,754
損益勘定留保資金	8,748	8,714	8,808	8,592
利益剰余金処分額	334	337	423	393
繰越工事資金	307	237	232	101
その他	2,098	1,968	2,380	2,668
補塡財源不足額　(G) − (F)　(H)	▲ 14	▲ 13	▲ 34	▲ 39

項目	2012	2013	2014	2015
他会計からの出資金等 (a) + (b) + (c) + (d) + (e)	▲ 1,511	▲ 1,535	▲ 1,492	▲ 1,468
他会計からの補塡がない場合の財源不足額	▲ 1,525	▲ 1,549	▲ 1,526	▲ 1,507

出典：総務省「2015年度地方公営企業年鑑」を基に日本政策投資銀行作成　（単位：億円）

2 水道事業の経営課題

我が国の水道事業は、人口減少局面において設備更新期を迎えるなど複数の課題を抱えていることが指摘されて久しい。国も、広域化や官民連携の推進を主な内容とする水道法の改正を予定するなど、水道事業の経営基盤強化のための各種施策を実施している。

我が国の水道事業の抱える複合的・構造的課題を整理すると、以下の通りとなる。

(1) 複合的課題

①給水人口の減少、1人当たり水使用量の減少

我が国の人口は、2008年頃をピークに減少に転じたとされるが、給水人口もほぼパラレル（平行的）に2010年をピークに減少に転じている。加えて、節水型家電機器の普及等により、1人当たりの水使用量も減少している（図表10）。

図表10　給水人口と1人当たり水使用量の推移

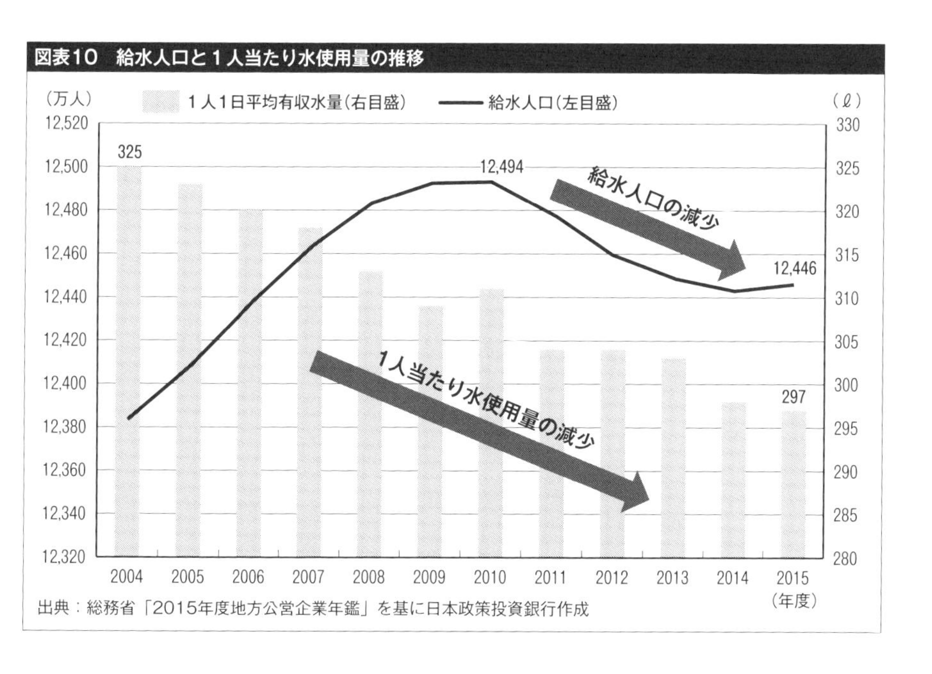

出典：総務省「2015年度地方公営企業年鑑」を基に日本政策投資銀行作成

ほとんどの水道事業者は、水道料金の値上げをしない限り毎年確実に収入が減少していく事業構造である。

②巨額に上る維持更新投資・耐震化投資

水道施設の投資については、高度経済成長期（1970年代）の投資の山に加え、1990年代にも大きな投資の山がある（図表11）。今後、これら過去に投資した施設が更新期を迎える。

加えて2014年度現在、管路の年間更新率（全国）は0.76%にとどまっている（すべての管路を更新するのに130年かかる）（図表12）。そのため、管路も含め今後については維持更新投資が増大することは避けられない（詳細は第2章で検討）。

さらに、主要管路の耐震化適合率も36.0%（2014年度）にとどまることから、耐震化投資も並行して実施していく必要がある。

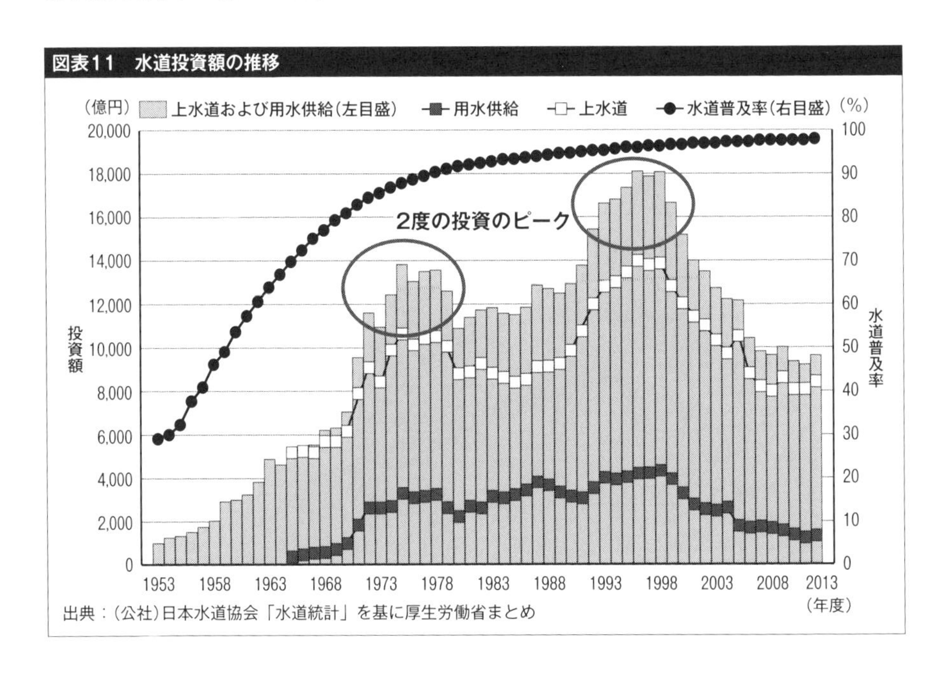

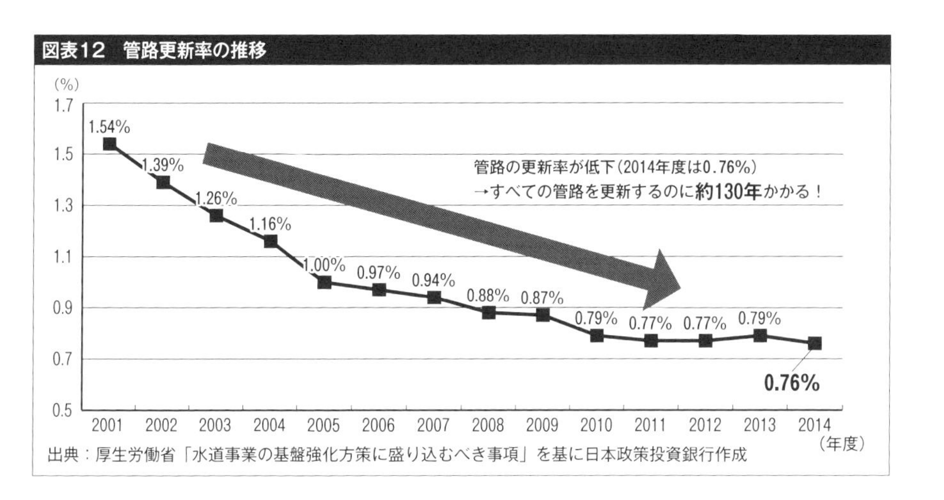

図表12 管路更新率の推移

出典：厚生労働省「水道事業の基盤強化方策に盛り込むべき事項」を基に日本政策投資銀行作成

③高い有利子負債の水準

2015年度末現在の水道事業の有利子負債は7兆6,500億円程度であり、料金収入（2兆6,535億円）の3倍近い水準である。

有利子負債キャッシュフロー倍率は7.1倍であり、高い水準とは言いきれないものの、公租公課負担がないことや今後の維持更新投資・耐震化投資が巨額に上ること等を考えると楽観視はできない（図表13）。

図表13 有利子負債の推移

	2011年度	2012年度	2013年度	2014年度	2015年度
有利子負債合計（A）	87,761	84,218	80,333	78,821	76,500
料金収入	27,060	27,065	26,927	26,520	26,535
経常損益	2,231	2,408	2,542	3,652	3,753
減価償却費	8,653	8,652	8,744	9,970	9,976
キャッシュフロー（B）	10,388	10,602	10,840	10,627	10,820
A／B	8.4	7.9	7.4	7.4	7.1

有利子負債は料金収入の約3倍

（注）キャッシュフローは経常利益＋減価償却費。ただし補助金や戻入金調整済み。（単位：億円、倍）
出典：総務省「2015年度地方公営企業年鑑」を基に日本政策投資銀行作成

④職員の高齢化、技術承継の問題

団塊世代の職員は既に退職期を迎えており、事業規模の小さな事業者を中心に水道事業を担う職員の不足が大きな問題である。

また、技術系職員を年代別に見ると、50代以上の職員が4割近くを占めるのに対し、20代の職員数は1割程度に過ぎない。

水道普及期から水道を支えてきた職員が有する技術を次世代へ承継していくことが大きな課題となっている（図表14）。

図表14　世代別に見た職員割合（技術系）

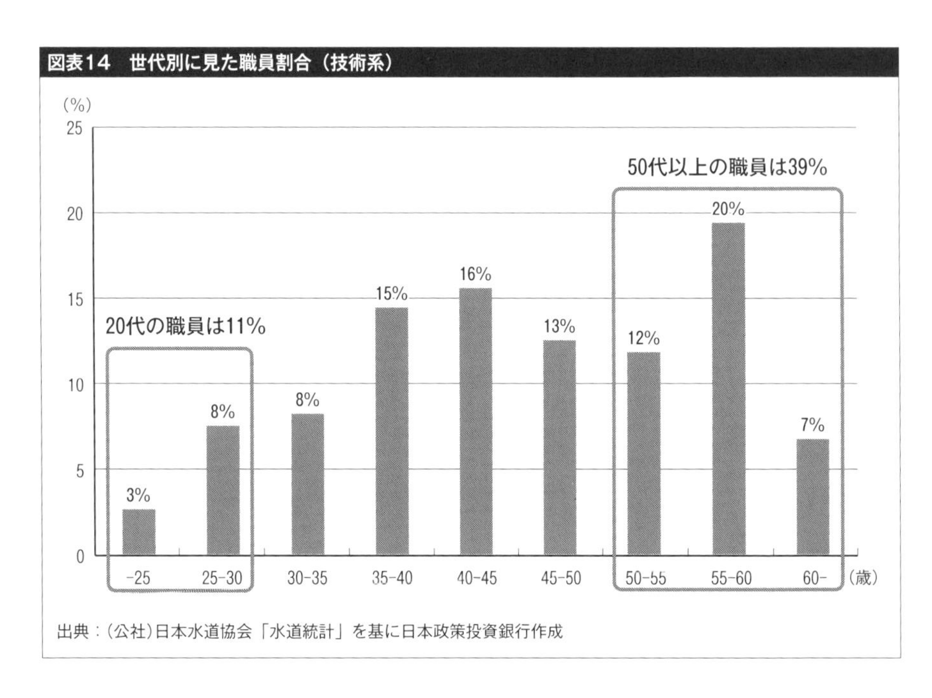

出典：(公社)日本水道協会「水道統計」を基に日本政策投資銀行作成

⑤料金格差

水道事業は、地方公共団体の一般会計とは別に、水道料金徴収による独立採算を前提とした特別会計によって運営される（地方公営企業原則）。

料金はコスト見合いで決定され（総括原価主義）、かつ事業者により地理的条件や人口密度などが異なることから、大きな料金格差がある。

例えば、10㎥当たりの料金で比較すると、いちばん高い群馬県長野原町（3,510円）からいちばん低い兵庫県赤穂市（367円）まで、10倍近くの格差がある（図表15）。

料金格差は水道事業広域化の最大の障害になっている。

図表15　料金格差

水道料金の高い自治体　（単位：円）

順位	自治体	料金
1位	群馬県長野原町	3,510
2位	北海道羅臼町	3,360
3位	熊本県上天草市	3,132
4位	福島県伊達市	3,078
5位	北海道増毛町	3,060
6位	北海道夕張市	3,041
7位	北海道西空知広域	3,034
8位	青森県中泊町	2,991
9位	北海道江差町	2,974
10位	宮城県涌谷町	2,940

一〇倍近い料金格差

水道料金の低い自治体　（単位：円）

順位	自治体	料金
1位	兵庫県赤穂市	367
2位	静岡県小山町	384
3位	山梨県富士河口湖町	455
4位	静岡県沼津市	460
5位	東京都昭島市	518
6位	山梨県忍野村	540
7位	静岡県長泉町	560
8位	兵庫県高砂市	572
8位	三重県東員町	572
10位	和歌山県白浜町	580

※10㎥当たりの水道料金（口径13mm）
出典：総務省「2015年度地方公営企業年鑑」を基に日本政策投資銀行作成

（2）構造的課題

①数の多い公営水道事業者

以上見てきた通り、水道事業経営は複合的な経営課題に直面しているが、そもそも我が国の水道事業は市町村経営が原則であるため（水道法第6条）、事業者数が非常に多数に上るという構造的な問題がある。

2015年度の水道事業全体の料金収入が約2兆7,000億円であるのに対し、上水道事業の数は全国で1,344事業、簡易水道事業を含めると全国で2,081事業に及ぶ。

単純な比較は望ましくないものの、同じ公益事業である電力事業が10電力で電気料収入が合計約17兆3,000億円（2014年度）であること、ガス事業においても一般ガス事業者は206事業者でガス収入合計が約4兆3,000億円（同上）であることと比べても、料金収入規模に対し水道事業者の数が非常に多く、とりわけ小規模事業者が数多く存在する事業構造にあると言える（図表16）。

図表16　公益企業の事業者数

	上水道事業者	一般ガス事業者	旧一般電気事業者
根拠法	水道法	ガス事業法	電気事業法
事業者数	1,344	206	10
料金収入	2兆7,000億円	4兆3,000億円	17兆3,000億円

※ガス事業、電気事業の事業者数、料金収入は2014年度
出典：総務省「2015年度地方公営企業年鑑」、ガス事業年鑑等を基に日本政策投資銀行作成

②人口規模の小さな地域ほど厳しい経営状況

日本政策投資銀行（以下「DBJ」）が給水人口規模ごとに水道事業経営を分析した結果、給水人口が5万人を割ると料金収入だけでは水道事業を維持できなくなり、一般会計からの負担金等により赤字を補塡している傾向にあることがわかった（図表17、詳細は補章1参照）。

水道事業規模が小さいことのデメリットは数多くあるが、根本的な問題として、水源からエンドユーザーに至るまでのネットワークおよびシステム全般を市町村単位で構築せざるを得ないことが挙げられる。

典型的な装置産業である水道事業はコストの3割強が減価償却費であり、設備投資を含めてその長期的なコントロールが経営の根幹であるが、現状では料金設定から事業運営、設備投資に至るまでのすべてを市町村単位で完結しなければならない。そのため、ほとんどの事業者でもっとも効率的とは言えないシステム設計にならざるを得ず、結果として各種マネジメントがうまくいっていない。

さらに、人口減少による水需要の減少が経営難に拍車を掛けている。

図表17 給水人口規模別の損益状況（2015年度、末端給水事業）

	給水人口規模		給水人口 1.5万人未満		給水人口 1.5万～3万人		給水人口 3万～5万人		給水人口 5万～15万人		給水人口 15万人以上	
	事業者数		361		266		199		303		124	
	給水人口（人）		8,667		21,594		39,037		85,482		318,816	
	10㎥当たり料金		1,775		1,585		1,509		1,374		1,196	
	総職員数（人）		4		8		12		25		101	
損益計算書	（単位：百万円）		金額	比率(%)	金額	比率(%)	金額	比率(%)	金額	比率(%)	金額	比率(%)
	営業収益		192	100.0	444	100.0	756	100.0	1,653	100.0	5,914	100.0
		給水収益	187	97.3	423	95.3	730	96.4	1,581	95.6	5,638	95.3
	経常費用		226	117.3	474	106.7	828	109.4	1,680	101.6	5,806	98.2
		給水費用	225	116.9	468	105.3	823	108.8	1,662	100.5	5,733	97.0
		職員給与費	27	13.9	53	11.9	79	10.5	162	9.8	688	11.6
		支払利息	19	10.1	36	8.2	61	8.0	101	6.1	359	6.1
		減価償却費	97	50.5	181	40.8	323	42.7	588	35.6	2,000	33.8
		委託料	16	8.4	37	8.3	71	9.4	170	10.3	580	9.8
		受水費	22	11.6	77	17.4	152	20.2	389	23.5	1,161	19.6
	給水損益		▲38	**▲19.6**	▲44	**▲10.0**	▲93	**▲12.4**	▲81	**▲4.9**	▲95	▲1.6
	給水損益 （長期前受金戻入を加算）		▲8	**▲4.3**	7	1.6	▲0	**▲0.0**	91	**5.5**	409	6.9
	営業外収益		53	27.6	83	18.7	151	20.0	248	15.0	749	12.7
		一般会計負担金等	19	9.6	20	4.5	34	**4.4**	31	**1.9**	50	0.8
	経常損益		20	10.3	53	12.0	80	10.5	222	13.4	856	14.5
	純損益		20	10.1	55	12.5	78	10.4	221	13.3	787	13.3

出典：総務省「2015年度地方公営企業年鑑」を基に日本政策投資銀行作成

サステナブル（持続可能）な経営体制を確保し、将来にわたっても住民に安全・安心な水道水の供給を続けるためには、広域化・広域連携を推進しつつ、官民連携を活用することにより、水道事業の経営基盤を強化することが必要不可欠である。

第2章

水道事業の
簡易将来推計

1 簡易将来推計(キャッシュフローモデル)の構造

我が国の水道事業が抜本的な経営改革を行わず、現状のまま単独で経営を続けた場合、将来のキャッシュフローや水道料金はどのようになるだろうか。

DBJでは、2014年度までの総務省「地方公営企業年鑑」のデータを基に、一定の前提の下、水道事業の簡易将来推計（キャッシュフローモデルによる試算）を実施した。

（1）キャッシュフローモデルの前提

キャッシュフローモデル（簡易将来推計）は、以下の前提で算出している。

①3条予算関連

（ア）経常損益の赤字（経常損失）は、3条予算で賄うべき資金不足と考え、料金値上げで調達する。

②4条予算関連

（イ）一般会計出資金等および国・県補助金は2014年度並みで推移する前提で算出する。

（ウ）設備投資は、一般会計出資金等および国・県補助金の他、減価償却費と借入金を原資とする。

（エ）一般会計出資金等および国・県補助金の他、経常損益と減価償却費で設備資金を賄える場合は借入金を返済し、不足する場合は借入金を増やす。

（2）キャッシュフローモデルの算出基礎

キャッシュフローモデルは、（1）の前提に基づき以下の算出基礎で計算した。

給水人口の増減と設備投資水準の引き上げ（年間管路更新率1.67%ペース）を除き、2014年度横ばいで推移すると想定しており、現状の成り行きを前提とした保守的な算出基礎に基づく試算となっている。

①営業収益

・料金収入は、人口増減のみを勘案した。1日1人当たり水使用量は、今後さらなる減少が予想されるが、本モデルでは保守的に見積もり2014年度並みで推移すると仮定した

・人口増減は、国立社会保障･人口問題研究所の出生中位・死亡中位の推定値を採用した

・給水収益を除く営業収益（その他営業収益など）も、2014年度並みで推移するとした

②営業外収益

・一般会計からの負担金（税収による補塡）をはじめ、すべて2014年度から横ばいとの前提でシミュレーションを実施した

③経常費用

・経常費用は、人件費や委託料、受水費などの固定費と薬品費や動力費、光熱水費などの変動費（営業収益に対する比率）に分解し、おのおの2014年度並みで推移すると仮定した

・職員数、職員給与水準等人件費、委託費等も、2014年度並みで推移するとの前提でシミュレーションを実施した

④設備投資・減価償却費・修繕費用の考え方

＜設備投資・減価償却費＞

・新規設備投資は、7割が管路（法定耐用年数40年）への投資、3割がその他設備（平均耐用年数は20年と仮定）等への投資と仮定した（平均法定耐用年数＝34年）

・実務でよく用いられる、管路の実耐用年数はおおよそ60年との考え方を採用し、管路（法定耐用年数40年）は60年周期（年間更新率1.67%）で更新する必要があるとの前提に立ち、設備投資金額を算定した

・1年後（2015年度）より管路の年間更新率を1.67%に引き上げるとの前提

で、新規設備投資金額を算出した

・既存設備の平均法定耐用年数は、2014年度末実績値を採用した（末端事業者の全国平均23.3年）

<修繕費用>

・修繕費用は、過去5期実績を基に管路の更新率等を勘案し算出した

⑤有利子負債・支払利息

・2014年度末有利子負債残高に対し、必要な投資額が不足する場合は借入で調達し、手元資金で投資額を賄える場合は償還に充てることとして各年度の有利子負債残高を算出した

・4条予算に関する一般会計負担金等、国・県等補助金は、2014年度並みで推移するとの保守的な前提によった

・借入期間によらず、借入金の調達と返済は柔軟に行うとの前提に立っている

・借入金利は、2014年度平均借入利息（末端事業者の全国平均2.3%）で推移すると仮定した

（3）キャッシュフローモデルの特徴と留意点

①特徴

本モデルは一定の前提の下、キャッシュフローと損益計算書と貸借対照表を連動させており、時系列で動的な財政状況の推移を把握することができる。

②留意点

ただし、本モデルは既述の前提および算出基礎の制約を受け、以下の点に留意が必要である。

（ア）設備投資の算出基礎

本モデルは、管路の実耐用年数は60年との考え方（実務上よく採用される）に基づき、2015年度より管路の年間更新率を1.67%に引き上げた場合の投資所要額を算出し、以後、同水準の投資を継続するとの前提により計算を行っている。

実際の設備投資の増加ペースは、実耐用年数が終了した設備より更新を行っていくため、本モデルの想定よりなだらかであると考えられる。厚生労働省の試算では、1970年代の設備投資が老朽化を迎える2020～2030年代（設備投資から50～60年経過）、および1990年代の設備投資が老朽化を迎える2040年代後半に更新投資需要が急増すると予想している。

そのため、本モデルは将来の設備投資を平準化して算出していると言える。

（イ）個別事業者の具体的な事業計画等の反映

本モデルを使って、個別事業者のキャッシュフローをシミュレーションすることも理論的に可能である（次節以降参照）。

しかし、本モデルを用いて個別事業者の将来予測を算出する場合、過去および将来の投資の内訳等が明らかでないこと等により、あくまで一定の前提・算出基礎に基づく試算にとどまる点に留意が必要である。

（ウ）柔軟な借入金の調達・返済の前提

本モデルでは、借入金を減価償却費等内部留保・一般会計出資金等と設備投資所要金額の差分の調整により調達・返済するとの前提で組み立てており、借入金の調達・返済は柔軟に対応できるとの前提で算出している。

現行の地方財政制度（地方公営企業債での調達）においては、原則地方公営企業債の発行により調達を行う必要がある。地方公営企業債の発行にあたっては、国または知事との協議が必要であること、長期固定金利での調達となること、繰り上げ償還が原則禁止であること等調達・返済にさまざまな制約があることから、現行制度の下では本モデルが想定する柔軟な借入金の調達・返済は難しい。

2 キャッシュフローモデルによる予測の結果

（1）全国（末端給水）の集計結果

本モデルにおける将来予測を全国（末端給水事業のみ）で集計した結果は以下の通りとなった（モデルの基準年次［0年後］は2014年度）。

①水道料金の値上げについて（営業キャッシュフロー）（図表18）

経常利益を確保するためには、2021年度（7年後）より毎年1.7～2.1%の料金値上げを継続的に行い、2046年度（32年後）までに2014年度比63.4%の値上げが必要となる。

水道料金の値上げは数年（例えば5年）に1回行われることが想定されるが、例えば5年に1回値上げを実施するとの前提に立った場合、10～20%の料金値

図表18　水道料金の将来予測（全国末端集計）

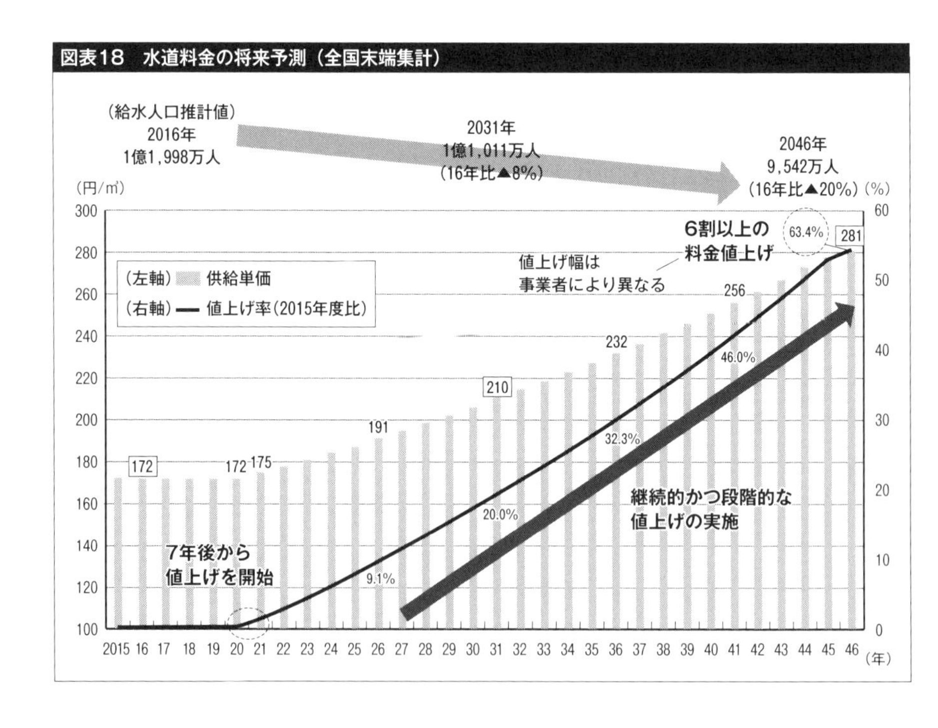

上げを5年ごとに継続して実施することになる。そのため、住民に与えるインパクトは非常に大きなものになることが予想される。

また、2047年度（33年後）以降も人口減少に応じて値上げを継続していく必要がある点に留意が必要である。

②投資キャッシュフロー・財務キャッシュフロー（図表19）

本モデルの試算では、2035年度（21年後）までは減価償却費（内部留保）と一般会計出資金等（2014年度並みを継続するとの前提）で設備資金すべてを賄うことはできないため、不足投資金額を借入金により賄う必要がある。

本モデルでは、減価償却費は2046～2048年度（32～34年後）にピークとなるため、以後キャッシュフローは安定的に推移していくものと考えられる。

ただし、以下の点に留意が必要である。

図表19　キャッシュフロー、有利子負債残高予測（全国末端集計）

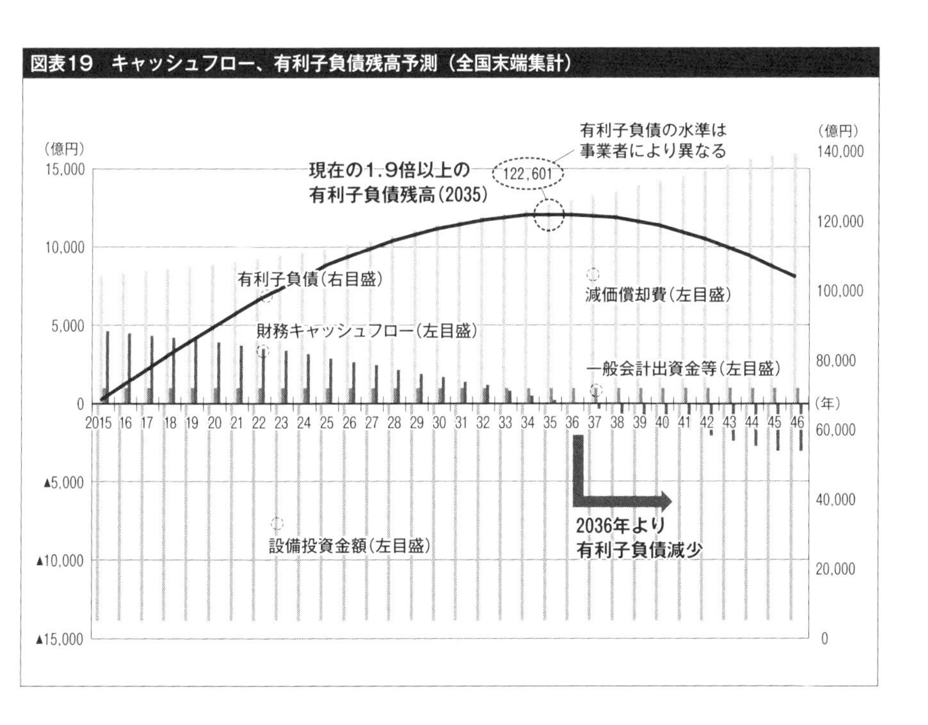

・本モデルでは、借入金の調達、返済を柔軟に実施できる前提である
・一方、市場金利より低利な地方公営企業債で資金を調達するとの考え方に立っており、現時点（2014年度末）の借入金平均利率による調達を継続する前提で試算している

③有利子負債（図表19）

2014年度末の有利子負債残高（末端給水合計）は約6兆5,000億円であるが、その後の借入金の増加により、2035年度（21年後）に最大約12兆3,000億円（2014年度末の1.9倍超）まで増加する。

2036年度（22年後）以降、減価償却費が設備投資を上回るため返済余資が生じ、有利子負債は減少に転じるものの、32年後の2046年度末の残高は約10兆4,000億円（2014年度末の約1.6倍）と依然として高水準にとどまる。

④ファイナンスによるキャッシュフローの時間的調整

本モデルでは、今後21年間は設備投資が内部留保（減価償却費）等で賄えないため借入金により調達し、22年後以降は設備投資が内部留保（減価償却費）等の範囲内にとどまるため、借入金を返済していくと推計している。そのため、適切な財務戦略（ファイナンス戦略）によりキャッシュフローの時間的（継時的）な調整を図っていく必要がある。

⑤2046年度（32年後）の損益計算書（P/L）、貸借対照表（B/S）、キャッシュフロー計算書（CF）の簡易推計

2046年度（32年後）の予測P/L、予測B/S、予測CFの簡易推計は下記の通りとなる（詳細は図表23参照）。

（ア）予測P/Lの簡易推計（図表20）

経常損益の黒字を確保するよう料金値上げを実施するとの前提で試算を行っ

た場合、2046年度の営業収益は3兆455億円（うち給水収益は2兆9,123億円）と推計される。

給水損益（長期前受金戻入を加算、2014年度ベース）は2,252億円の赤字（営業収益比率7.4%の赤字）であるが、営業外収益等を勘案すると経常損益は黒字（±0）を確保する。

コストに関しては、営業収益（3兆455億円）に対し減価償却費（1兆5,948億円）の占める比率が5割を超える。修繕費（3,313億円）も営業収益に対し1割を超える水準となる。

一方、支払利息は7.9%にとどまるが、借入利率を一律2014年度実績値（2.3%）据え置きで算出している点に留意が必要である。

図表20　予測損益計算書（2046年度、末端合計）

（単位：億円）	予測			（参考）実績	
	2046年度	比率	対2014年度増減	2014年度	比率
経常収益	33,653	110.5%	24.6%	27,002	112.8%
営業収益	30,455	100.0%	27.2%	23,938	100.0%
給水収益	29,123	95.6%	28.8%	22,607	94.4%
営業外収益	3,198	10.5%	4.4%	3,063	12.8%
一般会計負担金等	380	1.2%	0.0%	380	1.6%
長期前受金戻入	2,000	6.6%	0.0%	2,000	8.4%
経常費用	33,653	110.5%	40.9%	23,890	99.8%
給水費用	33,376	109.6%	41.3%	23,612	98.6%
職員給与費	2,854	9.4%	0.0%	2,854	11.9%
支払利息	2,405	7.9%	62.1%	1,484	6.2%
減価償却費	15,948	52.4%	101.3%	7,922	33.1%
修繕費	3,313	10.9%	74.9%	1,894	7.9%
委託料	2,359	7.7%	0.0%	2,359	9.9%
受水費	3,915	12.9%	0.0%	3,915	16.4%
給水損益（2013年度基準）	▲4,253	-14.0%		▲1,005	-4.2%
給水損益（長期前受金戻入を加算）	▲2,252	-7.4%		995	4.2%
経常損益	0	0.0%		3,112	13.0%
（水道料金）					
供給単価（円／㎥）	280.6		63.4%	171.8	
（給水人口）					
予想給水人口（万人）	9,542		-21.1%	12,100	

（イ）予測CF、予測B/Sの簡易推計（図表21、図表22）

2046年度（32年後）の予測CFは、設備投資額1兆3,914億円に対し、内部留保（減価償却費）が1兆5,948億円、一般会計出資金等（659億円）・国庫補助金等（386億円）などが1,045億円（2014年度並みとの前提による）見込まれることから、借入金を3,079億円返済することが可能となる。

なお、借入金の返済が可能となるのは22年後の2036年度からであり、2035年度までは借入金が増加する。

以上を踏まえ、2046年度（32年後）の予測B/Sの概要は図表の通りと推計される。

（ウ）総括

本モデルによる将来推計では、2046～2048年度（32～34年後）に減価償却費がピークとなり、以後横ばいで推移する推計となる。そのため2046～2048年度（32～34年後）以降、損益状況は人口減少による減収要因を除き、ある程度安定すると思われる。

また、2036年度（22年後）以降は設備投資が内部留保（減価償却費）等で賄えるようになり、それまで増加の一途をたどってきた有利子負債の返済が可能となる。そのため、キャッシュフローも安定し、財務状況もある程度安定することが予想される。

しかし、これらの予測は今後の大幅な水道料金の値上げや多額の設備投資見合いの資金調達が可能であるとの前提に立つものであり、現実に本モデル通りに事業を運営していく上では非常に困難が伴うことが予想される。

加えて、本モデルは、1人当たりの水使用量や3条予算（損益）および4条予算（キャッシュフロー）における一般会計の負担金や出資金、国庫補助金等が2014年度並みで維持される等、極めて保守的な前提に立っている。

そのため、現実問題として我が国の水道事業経営を安定的に維持していくためには、広域化・広域連携や官民連携（PPP）等の手法を用いつつ、早急に経営の抜本的な改革に取り組むことが必要不可欠である。

図表21　予測キャッシュフロー表（2046年度、末端合計）

（単位：億円）	2046年度	（参考）2014年度
設備投資額	13,914	8,881
減価償却費	15,948	7,922
一般会計出資金等	659	659
国庫補助金等	386	386
財務キャッシュフロー	▲ 3,079	▲ 1,927

	2046年度	（参考）2014年度
有利子負債合計	103,991	64,483
償却資産合計	268,176	184,572

図表22　予測貸借対照表（2046年度、末端合計）

2046年度

（単位：兆円）

資産	
流動資産	3
現預金等	2.5
固定資産	29
償却資産	26.5
総資産	32

負債・資本	
流動負債	0.5
固定負債	11
有利子負債	10.5
繰延収益・資本勘定	20.5
資本・負債計	32

（参考）2014年度

（単位：兆円）

資産	
流動資産	3
現預金等	2
固定資産	21
償却資産	18.5
総資産	24

負債・資本	
流動負債	0.5
固定負債	7
有利子負債	6.5
繰延収益・資本勘定	16.5
資本・負債計	24

図表23　財務予測（シミュレーション）の結果（全国末端集計）

【損益計算書】

基準年次後	3	4	5	6	7
年度	2017	2018	2019	2020	2021
営業収益	23,660	23,571	23,482	23,393	23,644
給水収益	22,328	22,239	22,150	22,062	22,312
経常費用	25,854	26,087	26,331	26,584	26,842
給水費用	25,576	25,810	26,054	26,306	26,565
職員給与費	2,854	2,854	2,854	2,854	2,854
支払利息	1,806	1,905	2,000	2,092	2,179
減価償却費	8,450	8,591	8,745	8,912	9,091
資産減耗費	387	385	384	382	380
修繕費	3,313	3,313	3,313	3,313	3,313
委託料	2,359	2,359	2,359	2,359	2,359
受水費	3,915	3,915	3,915	3,915	3,915
給水損益	▲ 3,248	▲ 3,571	▲ 3,903	▲ 4,245	▲ 4,253
給水損益（長期前受金戻入を加算）	▲ 1,248	▲ 1,571	▲ 1,903	▲ 2,245	▲ 2,252
営業外収益	3,198	3,198	3,198	3,198	3,198
国庫補助金	2	2	2	2	2
都道府県補助金	23	23	23	23	23
他会計補助金	380	380	380	380	380
長期前受金戻入	2,000	2,000	2,000	2,000	2,000
経常損益	1,004	682	349	8	0

【値上げ】 ※経常損益が0になる水準まで毎年度値上げを実施

供給単価	172	172	172	172	175
値上げ率（対前年比）	0.0%	0.0%	0.0%	0.0%	1.7%
値上げ率（対2014年度比）	0.0%	0.0%	0.0%	0.0%	1.7%

【キャッシュフロー】

設備投資額（推計）	13,914	13,914	13,914	13,914	13,914
減価償却費	8,450	8,591	8,745	8,912	9,091
一般会計負担金等	659	659	659	659	659
国庫補助金等	386	386	386	386	386
財務キャッシュフロー	4,420	4,279	4,125	3,958	3,779

【貸借対照表】

有利子負債合計	78,108	82,387	86,511	90,469	94,248
償却資産合計	210,213	215,537	220,707	225,710	230,534

（単位：億円）

9	10	11	12	13	14	15	16	17
2023	2024	2025	2026	2027	2028	2029	2030	2031
24,182	24,460	24,743	25,029	25,319	25,613	25,909	26,207	26,505
22,850	23,128	23,412	23,698	23,988	24,281	24,577	24,875	25,173
27,380	27,658	27,942	28,228	28,518	28,811	29,107	29,405	29,703
27,103	27,381	27,664	27,950	28,240	28,534	28,830	29,128	29,426
2,854	2,854	2,854	2,854	2,854	2,854	2,854	2,854	2,854
2,340	2,414	2,482	2,545	2,602	2,653	2,699	2,738	2,771
9,484	9,697	9,920	10,153	10,395	10,646	10,906	11,175	11,451
376	374	372	369	367	364	362	359	356
3,313	3,313	3,313	3,313	3,313	3,313	3,313	3,313	3,313
2,359	2,359	2,359	2,359	2,359	2,359	2,359	2,359	2,359
3,915	3,915	3,915	3,915	3,915	3,915	3,915	3,915	3,915
▲ 4,253	▲ 4,253	▲ 4,253	▲ 4,253	▲ 4,253	▲ 4,253	▲ 4,253	▲ 4,253	▲ 4,253
▲ 2,252	▲ 2,252	▲ 2,252	▲ 2,252	▲ 2,252	▲ 2,252	▲ 2,252	▲ 2,252	▲ 2,252
3,198	3,198	3,198	3,198	3,198	3,198	3,198	3,198	3,198
2	2	2	2	2	2	2	2	2
23	23	23	23	23	23	23	23	23
380	380	380	380	380	380	380	380	380
2,000	2,000	2,000	2,000	2,000	2,000	2,000	2,000	2,000
0	0	0	0	0	0	0	0	▲ 0

181	184	187	191	195	198	202	206	210
1.8%	1.8%	1.8%	1.9%	1.9%	1.9%	1.9%	1.9%	2.0%
5.3%	7.2%	9.1%	11.2%	13.4%	15.5%	17.7%	20.0%	22.4%

13,914	13,914	13,914	13,914	13,914	13,914	13,914	13,914	13,914
9,484	9,697	9,920	10,153	10,395	10,646	10,906	11,175	11,451
659	659	659	659	659	659	659	659	659
386	386	386	386	386	386	386	386	386
3,386	3,173	2,950	2,717	2,474	2,223	1,963	1,695	1,419

01,221	104,394	107,343	110,060	112,534	114,757	116,720	118,415	119,834
39,598	243,815	247,810	251,572	255,092	258,360	261,368	264,108	266,572

図表23　財務予測（シミュレーション）の結果（全国末端集計）

【損益計算書】

基準年次後	18	19	20	21	22
年度	2032	2033	2034	2035	2036
営業収益	26,804	27,104	27,404	27,704	28,002
給水収益	25,473	25,773	26,073	26,372	26,670
経常費用	30,003	30,303	30,603	30,902	31,200
給水費用	29,725	30,025	30,325	30,625	30,923
職員給与費	2,854	2,854	2,854	2,854	2,854
支払利息	2,797	2,817	2,829	2,835	2,833
減価償却費	11,734	12,025	12,323	12,628	12,938
資産減耗費	354	351	348	345	342
修繕費	3,313	3,313	3,313	3,313	3,313
委託料	2,359	2,359	2,359	2,359	2,359
受水費	3,915	3,915	3,915	3,915	3,915
給水損益	▲ 4,253	▲ 4,253	▲ 4,253	▲ 4,253	▲ 4,253
給水損益（長期前受金戻入を加算）	▲ 2,252	▲ 2,252	▲ 2,252	▲ 2,252	▲ 2,252
営業外収益	3,198	3,198	3,198	3,198	3,198
国庫補助金	2	2	2	2	2
都道府県補助金	23	23	23	23	23
他会計補助金	380	380	380	380	380
長期前受金戻入	2,000	2,000	2,000	2,000	2,000
経常損益	▲ 0	▲ 0	0	▲ 0	0

【値上げ】 ※経常損益が0になる水準まで毎年度値上げを実施

供給単価	214	219	223	227	232
値上げ率（対前年比）	2.0%	2.0%	2.0%	2.0%	2.0%
値上げ率（対2014年度比）	24.8%	27.3%	29.8%	32.3%	35.0%

【キャッシュフロー】

設備投資額（推計）	13,914	13,914	13,914	13,914	13,914
減価償却費	11,734	12,025	12,323	12,628	12,938
一般会計負担金等	659	659	659	659	659
国庫補助金等	386	386	386	386	386
財務キャッシュフロー	1,135	844	546	242	▲ 69

【貸借対照表】

有利子負債合計	120,969	121,813	122,359	122,601	122,532
償却資産合計	268,752	270,641	272,233	273,520	274,496

（単位：億円）

24	25	26	27	28	29	30	31	32
2038	2039	2040	2041	2042	2043	2044	2045	2046
28,593	28,886	29,176	29,462	29,744	30,023	30,299	30,505	30,455
27,262	27,554	27,845	28,130	28,413	28,692	28,967	29,174	29,123
31,791	32,084	32,375	32,660	32,943	33,222	33,497	33,703	33,653
31,514	31,807	32,097	32,383	32,665	32,944	33,220	33,426	33,376
2,854	2,854	2,854	2,854	2,854	2,854	2,854	2,854	2,854
2,808	2,784	2,752	2,713	2,665	2,610	2,546	2,476	2,405
13,578	13,906	14,240	14,578	14,922	15,270	15,623	15,913	15,948
336	333	330	327	323	320	316	312	309
3,313	3,313	3,313	3,313	3,313	3,313	3,313	3,313	3,313
2,359	2,359	2,359	2,359	2,359	2,359	2,359	2,359	2,359
3,915	3,915	3,915	3,915	3,915	3,915	3,915	3,915	3,915
▲4,253	▲4,253	▲4,253	▲4,253	▲4,253	▲4,253	▲4,253	▲4,253	▲4,253
▲2,252	▲2,252	▲2,252	▲2,252	▲2,252	▲2,252	▲2,252	▲2,252	▲2,252
3,198	3,198	3,198	3,198	3,198	3,198	3,198	3,198	3,198
2	2	2	2	2	2	2	2	2
23	23	23	23	23	23	23	23	23
380	380	380	380	380	380	380	380	380
2,000	2,000	2,000	2,000	2,000	2,000	2,000	2,000	2,000
▲0	▲0	▲0	▲0	▲0	▲0	▲0	0	▲0

24	25	26	27	28	29	30	31	32
241	246	251	256	262	267	273	278	281
2.0%	2.0%	2.0%	2.1%	2.1%	2.1%	2.1%	1.9%	1.0%
40.4%	43.2%	46.0%	49.1%	52.3%	55.5%	58.8%	61.8%	63.4%

24	25	26	27	28	29	30	31	32
13,914	13,914	13,914	13,914	13,914	13,914	13,914	13,914	13,914
13,578	13,906	14,240	14,578	14,922	15,270	15,623	15,913	15,948
659	659	659	659	659	659	659	659	659
386	386	386	386	386	386	386	386	386
▲709	▲1,037	▲1,370	▲1,709	▲2,053	▲2,401	▲2,754	▲3,044	▲3,079

24	25	26	27	28	29	30	31	32
[illegible]1,437	120,400	119,030	117,321	115,268	112,867	110,114	107,070	103,991
[illegible]5,491	275,500	275,174	274,510	273,503	272,147	270,439	268,440	266,407

（2）個別市町村の将来推計

（1）では、全国の末端給水事業を集計した簡易推計を実施したが、事業者（市町村）ごとに給水人口規模や地理的条件等環境が異なることから、将来推計結果も異なってくる。以下では、本モデルを用い、架空の市町村である給水人口約50万人のX市と給水人口約４万人のY市における将来推計を試みる。

①中核市X市（給水人口50万人程度）（図表24、図表25）

<概要>

・三大都市圏に位置する中核市X市は、用水供給事業者からの受水を主たる水源とする末端給水事業者である

・X市の将来給水人口は、2031年度は2016年度比▲15%（全国末端2016年度比▲8%）、2046年度は同左▲28%（全国末端同左▲20%）と減少が予想される

・水道事業の2014年度損益状況は、経常利益率が10%を超える。また、給水損益も黒字であることから、一応給水コストをカバーした料金設定を行っていると言える

・導配水管の更新率も、全国平均の0.76%を超える1.0%前後で推移している

<本モデルによる将来推計>

2014年度時点において給水コストをカバーする料金を設定していること、導配水管の年間更新率も1.0%前後と比較的高いことから、経常損益は2022年度(8年後）まで黒字を維持できる。しかしながら、人口減少（減少幅も全国より大きい）による料金収入の減少が続き、料金値上げを実施しない場合、2023年度（9年後）に経常損益が赤字に転落する。

そのため、経常利益（±0）を確保するためには、2023年度（9年後）～2046年度（32年後）まで毎年0.7～1.9%の料金値上げを継続して実施する必要がある。結果として、2046年度（32年後）には現時点（2014年度）と比べ、約50%高い料金水準にする必要がある。ただし、値上げ幅は全国末端（合計）と

図表24　水道料金の将来予測（中核市X市）

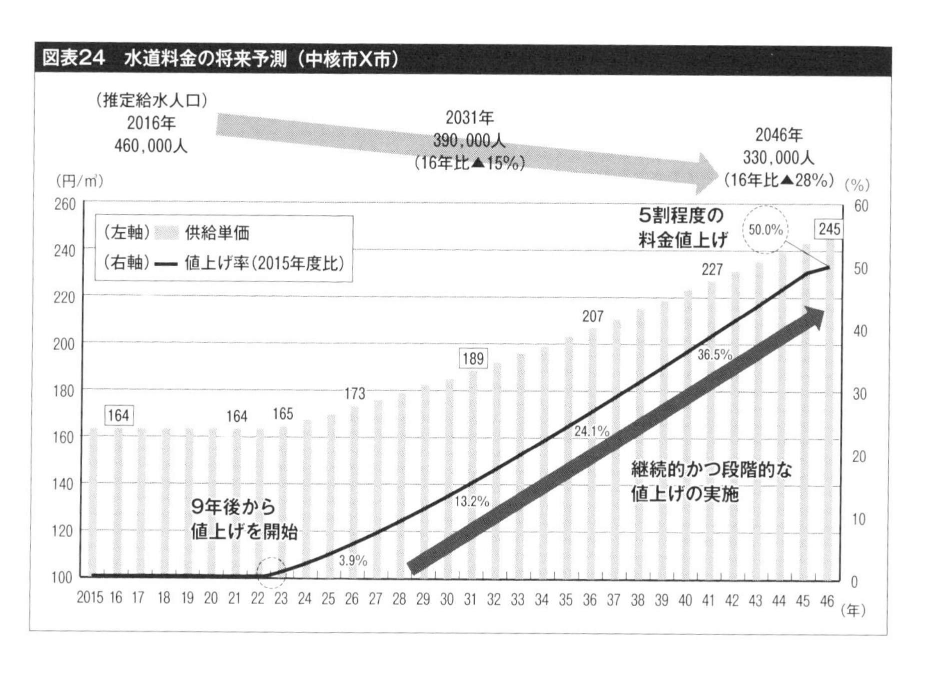

図表25　キャッシュフロー、有利子負債残高予測（中核市X市）

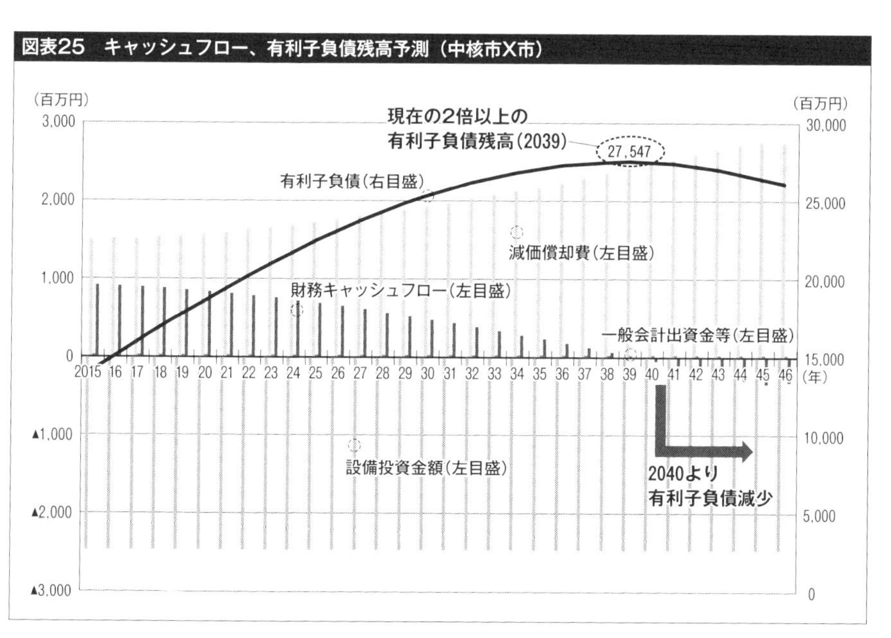

比べやや緩やかである。

有利子負債は、現時点における残高が少ない（設備の減価償却が進んでいる）こともあり、2039年度（25年後）のピーク時点で2014年度の2倍の水準まで増加すると予測される。

<総括>

2014年度の経常利益率が10%を超えることから、一見業績が安定して推移するように考えられるが、人口減少による料金収入の減少により、2023年度（9年後）から毎年小幅の値上げが必要となる。

X市は設備の製造年代が古く老朽化が相応に進んでいることから、設備投資のピッチを上げていくことが課題である。本モデル（1年後より更新率を1.67%に上げる）の前提は厳しい想定と言い切れないものと考えられる。

また、X市は用水供給事業者からの受水の比率が高いが、用水供給事業者の場合、設備（管路）を更新するためには断水を回避するための管路の二重化、ループ化など大掛かりな投資が必要となるケースも考えられることから、用水供給事業者や近隣の水道事業者とともに、設備のダウンサイジングを含めた将来の水道事業計画についてしっかりと検討し実行に移していく必要があると考えられる。

②農村都市Y市（給水人口4万人程度）（図表26、図表27）

<概要>

・過疎化が進む農村都市Y市は、地下水等を主な水源とする末端給水事業者である

・Y市の将来給水人口は、2031年度は2016年度比▲19%（全国末端2016年度比▲8%）、2046年度は同左▲33%（全国末端同左▲20%）と減少が予想される。給水人口の減少率は全国平均よりも高く、今後も過疎化が進むと予想される

図表26　水道料金の将来予測（農村都市Y市）

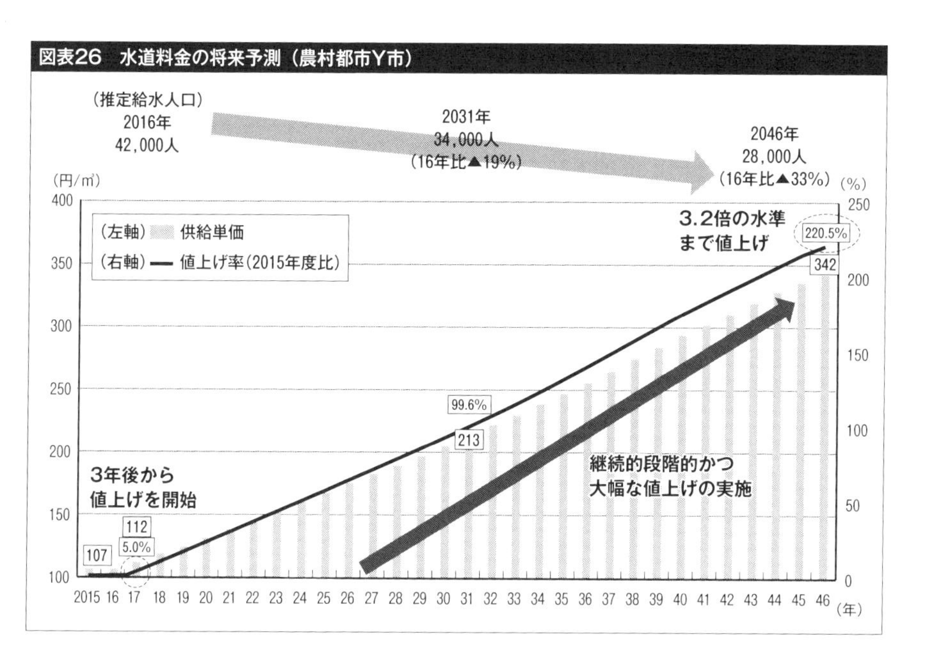

図表27　キャッシュフロー、有利子負債残高予測（農村都市Y市）

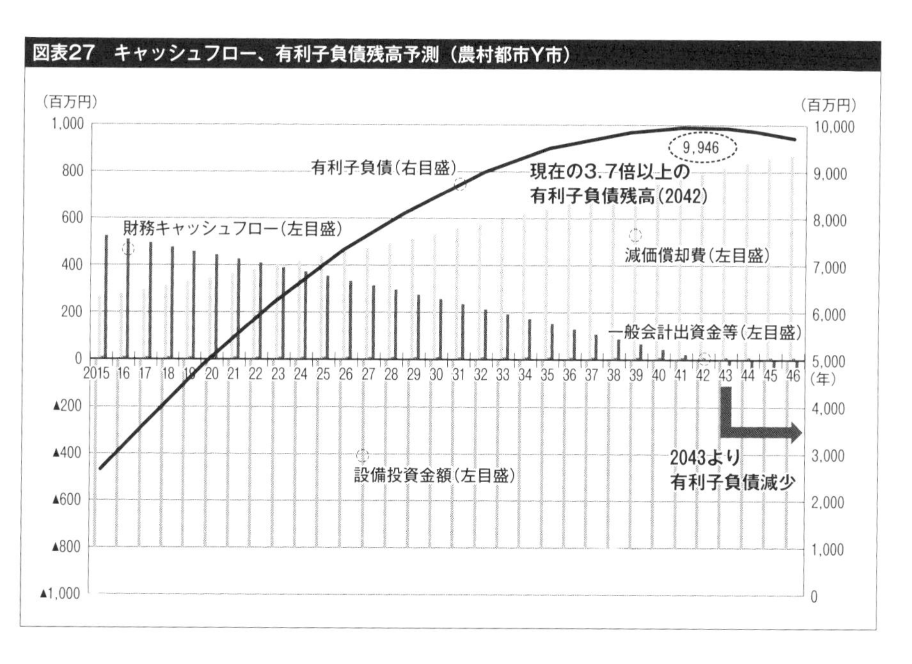

・水道事業の2014年度損益状況は、経常利益率が10%を超える。また、給水損益も黒字であることから、一応給水コストをカバーした料金設定を行っていると言える

・過去5年間の導配水管の更新率は平均0.5%程度であり、全国平均（0.76%）を下回る水準にとどまる

・職員は15名程度で、平均年齢は50歳近くに達している

＜本モデルによる将来推計＞

人口減少による給水収益の減少と更新投資増による設備コストの増加等により、料金値上げを実施しない場合は3年後の2017年度に経常損益が赤字に転落する。

そのため、2017年度以降、2030年度（16年後）までは毎年4.0%以上の値上げを実施しないと経常利益を確保できない。2031年度（17年後）以降も毎年1.8～3.9%の継続的な値上げが必要となり、2046年度（32年後）には2014年度比で3.2倍の料金水準とする必要がある。

その後についても、少なくとも人口減少率に応じた料金値上げは継続していく必要があるものと推計される。

現状の維持更新投資の水準が低いこともあり、有利子負債はピークとなる2041～2042年度（27～28年後）時点で、2014年度末の3.7倍超の水準まで増加すると予測される。

＜総括＞

数年前に約10年ぶりの料金値上げを実施しており、ここ数年は経常損益、給水損益ともに黒字を確保している。

しかしながら、管路や施設の老朽化が進み更新投資の時期を迎えつつあるが、管路の年間更新率は全国平均を下回る0.5%程度に過ぎない。そのため、今後維持更新投資のピッチを上げていく必要がある。

管路の年間更新率を1.67%（60年周期）の水準に上げるとの想定による本モデルの前提に立つと、経常損益の黒字を確保するためには、2017年度（3年後）

より値上げが必要となる。その後の値上げ幅も大きく、2046年度（32年後）には2014年度比で3.2倍の料金水準まで値上げを実施する必要がある。

さらに、2047年度以降も少なくとも人口減少による減収分を値上げで賄う必要があり、相応の料金値上げを継続していく必要がある。

ピーク時の6割程度と少ない職員数で何とかやりくりしているが、平均年齢も50歳近くに達しており、技術のみならず経営全般に関しても、若い職員（次世代）への承継が大きな課題である。

（3）将来予測より導き出される経営課題

全国およびモデル市町村の将来推計（シミュレーション）結果より、水道事業者は以下の経営課題を解決する必要があることが導き出される（図表28）。

①段階的な料金値上げの継続

・将来にわたって経常利益を確保するためには、計画的に段階的な水道料金の値上げを継続する必要がある

・料金値上げのタイミングが遅れると、次回の値上げ幅が拡大することに加

図表28　将来予測より導き出される経営課題

水道事業の長期的なキャッシュフロー分析
（全国および個別市町村モデル）

キャッシュフロー分析の結果、明らかとなった
水道事業者が取り組むべき課題

（1）段階的かつ継続的な値上げの実施

（2）長期的な事業計画に基づいたキャッシュフロー・コントロール

①設備のダウンサイジング、適正価格による発注

②民間資金の活用

（3）抜本的な経営改革（広域化・広域連携、官民連携（PPP））

え、不足営業キャッシュフロー（経常損失）を一般会計からの繰入金または借入金（地方公営企業債の発行）で賄う必要がある。昨今の地方財政の厳しい状況を考えるといずれも難しいことから、適切なタイミングで適切な料金の値上げを継続する必要がある

・早いタイミングで設備資金をカバーできる水準まで料金値上げを実施すると、有利子負債の削減・支払利息の軽減に繋がり、その後の財務基盤が強化される

②長期的な事業計画に基づいたキャッシュフロー・コントロール

（ア）設備投資

・老朽化する施設・管路に対し、キャッシュフローを加味しつつ、長期計画的に投資をマネジメントしていく必要がある

・長期的な観点から投資キャッシュフローを最小化するためには、広域化・広域連携の実現により設備のダウンサイジングを図る必要がある

・また、工事発注においては適正価格の実現に努める必要がある

（イ）資金調達

・現在の厳しい地方財政の実情を考えると、25年間に及ぶ巨額な投資資金を現行の地方財政制度において捻出することは困難である

・本モデルは、柔軟な資金調達・返済を前提としているが、現行の地方公営企業債による資金調達では対応が極めて困難である

③抜本的な経営改革（広域化・広域連携、官民連携（PPP））

・厳しい水道事業経営の現状および将来に関し、情報公開や住民・議会等への説明責任を果たしつつ、水道事業の経営改革に早急に取り組む必要がある

・今後の人口減少、設備の老朽化等を鑑みると、中小規模事業者のみならず、都市部の中核事業者においても、用水供給事業者や周辺事業者と広域

化・広域連携について検討を進めるとともに、民間事業者の活用（官民連携（PPP））にも積極的に取り組み、経営改革を実現していく必要がある

第3章

課題への対応①：広域化

1 広域化の歴史的変遷

我が国の水道事業の広域化は、1919年に設置された江戸川上水町村組合に遡る。最初の都道府県営の水道事業は、1936年に給水を開始した神奈川県営水道である。

水道広域化は、水需給の不均衡や小規模水道の脆弱性等への対応を目的として、1967年度の国庫補助制度設立や1977年度の広域的水道整備計画を規定した水道法改正等により進められ、広域水道の事業者数は2001年に最多の194事業となる。

厚生労働省は、2004年に「水道ビジョン」を策定し、人口の減少、水道施設整備の投資額の減少、施設の老朽化に伴う更新需要の増加といった環境下において、経営基盤の脆弱さ、技術基盤の危機に対応すべく、水道広域化を主要施策の1つとして推進することを定めた。すなわち、水道広域化をこれまでの水需給の不均衡への対応といった観点ではなく、水道事業者の経営基盤や技術基盤の強化といった観点から推進することとなった。

また、2008年に定められた「水道広域化検討の手引き－水道ビジョンの推進のために－」では、「水道ビジョン」に定める水道広域化の定義を「給水サービスの高度化やライフラインとしての社会的責務を果たすために必要な財政基盤および技術基盤の強化を目的として、複数の水道事業者等が事業統合を行うこと、または、その目的のために複数事業の管理の全部または一部を一体的に行うこと」と定め、従来、事業統合（経営主体も事業も1つに統合された形態）のみをイメージしていた水道広域化の定義を、事業統合に加え、経営の一体化（経営主体は1つであるが認可上事業は別の形態）、管理の一体化（維持管理業務等の共同実施等）、施設の共同化（取水場、浄水場、水質試験センターなどの共同施設を保有する形態）に拡大した（図表29）。

さらに、2013年3月に制定された「新水道ビジョン」では、概念を広げた「新たな広域化」の推進を継続しつつ、まずは近隣水道事業者と広域化検討の

図表29 「新たな水道広域化」のイメージ（水道ビジョンより）

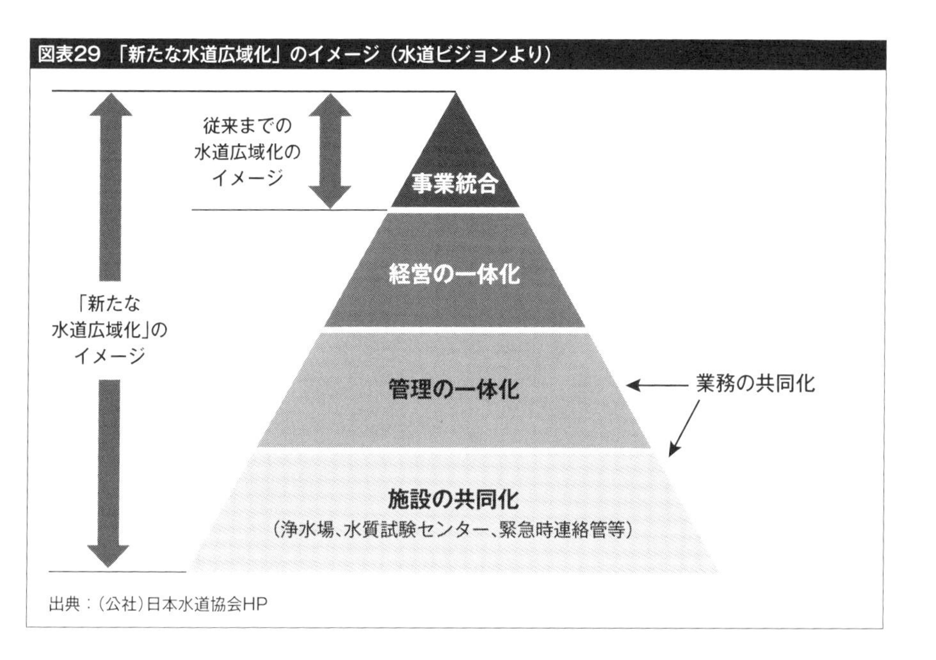

出典：（公社）日本水道協会HP

スタートラインに立つことが肝要との観点から、第一段階として新たな広域化の概念において、近隣水道事業者と検討の場を持つことが必要としている。

また、これまで「新たな広域化」の概念でも、財政面や人事面など、さまざまな懸案のために検討が進捗（しんちょく）しないケースがあることから、近い将来（5～10年後）ではなく、さらに遠い将来を見据え、水道以外の行政部門との連携や広域行政圏での連携などを含めて検討することが第二段階の方策として必要であるとしている。そして、連携形態にとらわれない多様な形態の広域連携を「発展的広域化」として、第三段階の方策としている（図表30）。

図表30 「発展的広域化」のイメージ

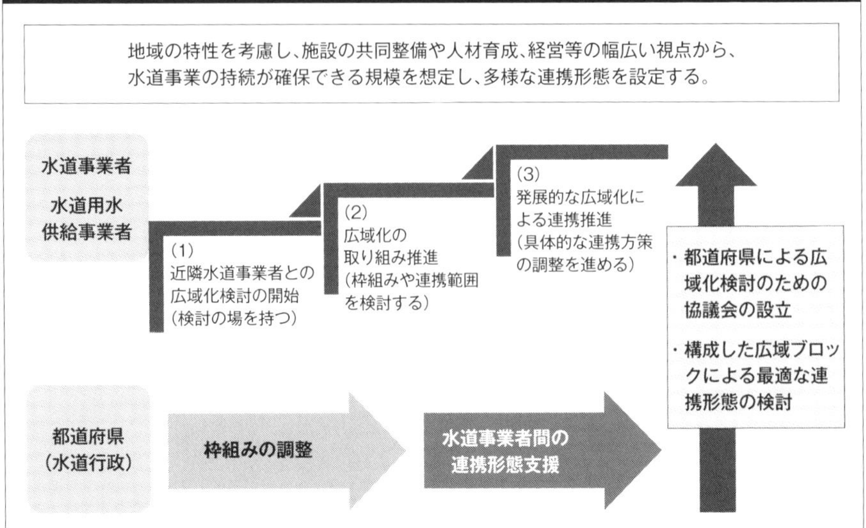

地域の特性を考慮し、施設の共同整備や人材育成、経営等の幅広い視点から、
水道事業の持続が確保できる規模を想定し、多様な連携形態を設定する。

水道事業者
水道用水
供給事業者

(1)
近隣水道事業者との
広域化検討の開始
(検討の場を持つ)

(2)
広域化の
取り組み推進
(枠組みや連携範囲
を検討する)

(3)
発展的な広域化に
よる連携推進
(具体的な連携方策
の調整を進める)

・都道府県による広域化検討のための協議会の設立
・構成した広域ブロックによる最適な連携形態の検討

都道府県
(水道行政)

枠組みの調整

水道事業者間の
連携形態支援

出典：厚生労働省

2 広域化の現状

2002年度以降、広域水道の事業者数は市町村合併に伴う企業団の解散等により減少傾向にあり、2015年度末現在、建設中のもの（2事業）も含め、124事業（末端給水事業者：53事業、用水供給事業者：71事業）となっている。

また、1989年度以降の事業統合の実施件数は17件（水平統合：11件、垂直統合：6件）、経営の一体化の実施件数は1件、施設の共同化の実施件数は10件である（図表31）。広域化に向けた検討会･勉強会等の実施状況も32件にとどまり、水道事業広域化はまだまだ緒に就いたばかりであると言える。

図表31　広域化の実施件数（都道府県アンケート）

		実施済み	広域化検討中	検討会等の実施
事業統合	水平統合	11	11	
	垂直統合	6	6	
	水平・垂直	–	1	
経営の一体化		1	2	
管理の一体化		–	1	
施設の共同化		10	–	
その他		–	3	
合計		28	24	32

出典：厚生労働省

3 広域化への課題

2008年に公益社団法人日本水道協会が実施した「広域化・公民連携に関するアンケート結果」によると、9割近い水道事業者が給水サービス面で、8割を超える水道事業者が維持管理面と経営財政面で、7割を超える水道事業者が水需給面と施設面で、水道広域化にはメリットがあると答えた。「水道広域化の必要性を感じる」と答えた事業者も6割近くに上る。

「水道広域化の必要性を感じる」と回答した事業者のうち、事業統合をする際の問題として料金格差を挙げた事業者が8割超、財政状況の格差を挙げた事業者が6割近く、施設整備水準の格差を挙げた事業者が4割超に上る。

また、「水道広域化の必要性を感じる」と回答した事業者のうち、事業統合以外の水道広域化を行う際の問題として6割超の事業者が施設整備水準の格差を、5割近い事業者が維持管理水準の格差と財政状況の格差を挙げている。

以上のような問題により、「水道広域化の必要性を感じる」と回答した事業者のうち実際に水道広域化の検討をしている地方公共団体は3割に満たない。とりわけ給水人口規模の小さい事業者ほど水道広域化の検討が遅れている。

4 広域化の法的枠組み（スキーム）

ここでは、広域化を実現する際に活用可能な法的枠組みについて概観する。

（1）法人の設立を要しない官官連携の仕組み

①協議会（図表32）

協議会とは、地方公共団体が共同して管理執行、連絡調整、計画作成を行うための制度である。協議会は、地方公共団体の協議により定められる規約で設置される組織であるが、法人格はなく、協議会固有の財産または職員を有しない。

協議会は、会長および委員の会議により意思決定を行う。そのため迅速な意思決定が難しい場合がある。また、職員については、各構成団体における身分を保有したまま協議会へ派遣される形式であるため、職員数の削減等の効率化に繋がらない場合もある。

上水道事業における実施事例としては、1991年4月1日に設置された水質管理に関する事務を行う「上伊那圏域水道水質管理協議会」（長野県上伊那広域水道用水企業団他2市3町3村）が挙げられる。

図表32　協議会

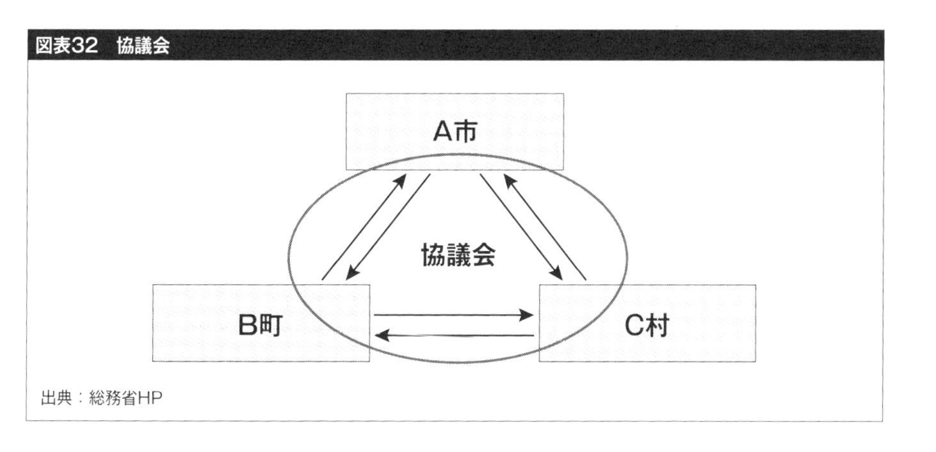

出典：総務省HP

②機関等の共同設置（図表33）

機関等の共同設置とは、地方公共団体の委員会または委員、行政機関、庁の内部組織等を複数の地方公共団体が共同で設置する制度である。共同設置された機関等は、各地方公共団体の共通の機関等としての性格を有し、共同設置した機関等による管理・執行の効果は、関係する地方公共団体が自ら行ったことと同様に、それぞれの地方公共団体に帰属する。

共同設置された機関等は、構成団体それぞれに属する機関等とみなされるため、すべての構成団体の議会に対応する必要があるなど手続きが煩雑になる面がある。また、そもそも共同設置の対象が委員会等に限定されているという課題もある。

図表33　機関等の共同設置

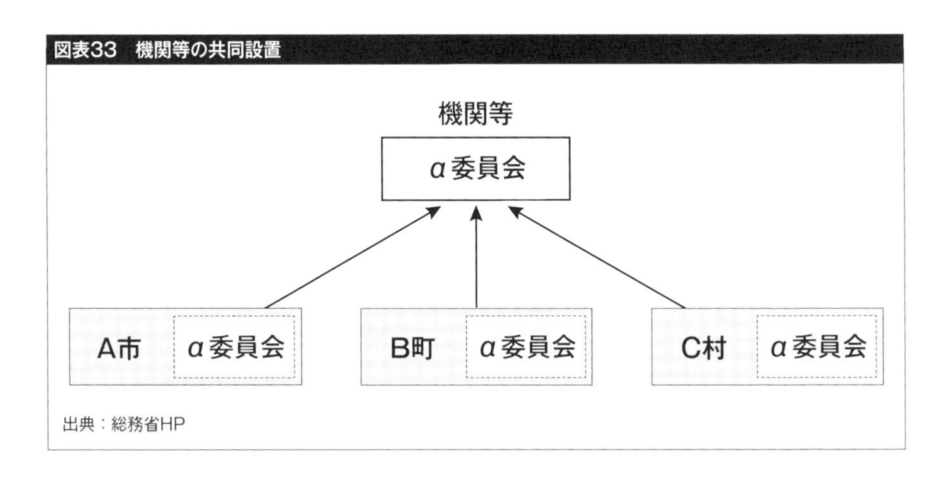

出典：総務省HP

③事務の委託（図表34）

事務の委託とは、地方公共団体が事務の一部の管理・執行を他の団体に委ねる制度である。法令上の責任は受託団体に帰属し、委託団体は委託の範囲内において管理執行権限を失うことになる。

事務の委託の実施により迅速な意思決定が可能となり、責任の所在も明確にすることができる。一方で、委託団体が受託団体から事務処理の状況等の情報

図表34　事務の委託

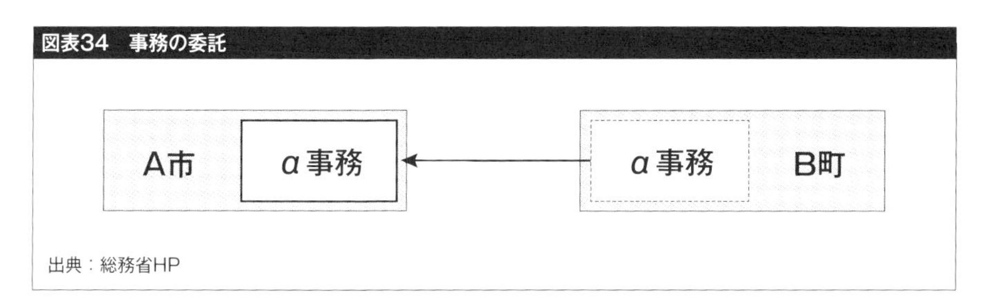

出典：総務省HP

を把握することが困難であること、費用負担の調整が困難であること、対等な立場で協議ができないこと等の課題が指摘されている。

上水道における実施事例としては、保健所設置市である八王子市と町田市を除く東京都下24市が、東京都に簡易専用水道等に関する事務を委託している例がある。

また、広島県が、県が設置する上水道施設の管理運営に関する事務を呉市、三原市や尾道市に委託している例や、広島市、呉市、三原市および江田島市が、市が設置する上水道施設のうち、広島県が設置する工業用水道施設と共用する施設等の管理運営に関する事務を広島県に委託している例が挙げられる。

④連携協約（図表35）

連携協約とは、地方公共団体が連携して事務を処理するにあたっての基本的な方針および役割分担を定めるための制度である。

当該制度は、自由度を拡大してより一層の広域連携を促進すべく、2014年11月の地方自治法改正により創設された制度である。

主な特徴としては、

- 地域の実情に応じて地方公共団体間で締結でき、事務分担だけでなく政策面での役割分担等をも自由に盛り込むことが可能
- 一部事務組合や協議会といった別組織を作る必要がなく、より簡素で効率的な相互協力を推進することが可能

図表35　連携協約

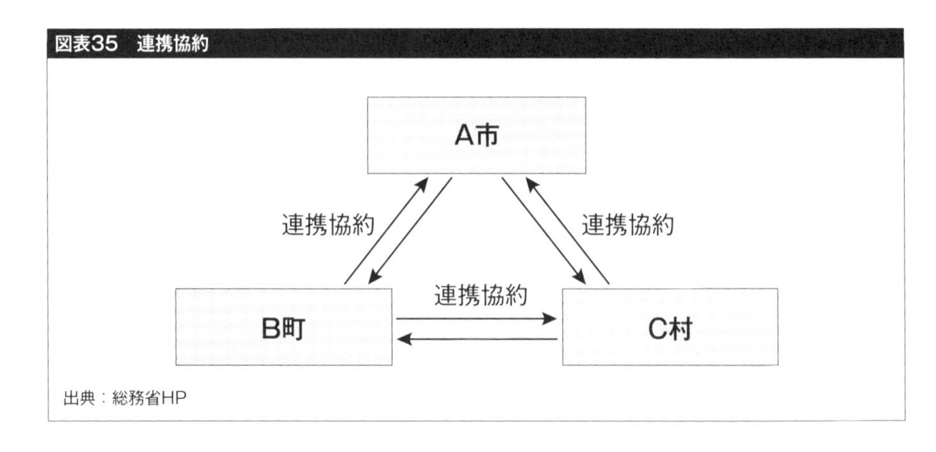

出典：総務省HP

といった点が挙げられる。

⑤事務の代替執行（図表36）

事務の代替執行とは、地方公共団体の事務の一部の管理・執行を当該地方公共団体の名において他の地方公共団体に行わせる制度である。協議により規約を定め、事務を代替執行させる。

他の団体に当該事務を代替執行させることにより、事務を任せた団体が、自ら当該事務を管理執行した場合と同様の効果を生ずる。当該事務についての法令上の責任は事務を任せた団体に帰属したままであり、当該事務を管理執行する権限の移動も伴わない。

当該制度は、市町村の間において行う場合の他、条件不利地域の市町村にお

図表36　事務の代替執行

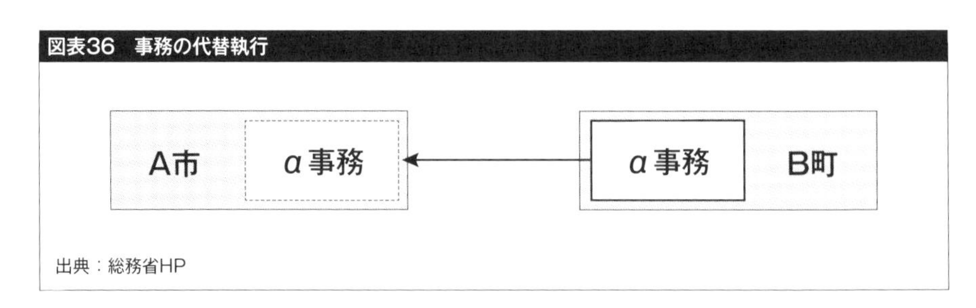

出典：総務省HP

いて近隣に事務の共同処理を行うべき市町村がない場合等において、市町村優先の原則や行政の簡素化・効率化という事務の共同処理制度の立法趣旨を踏まえつつ、都道府県が事務の一部を当該市町村に代わって処理することができるようにすることを念頭に、2014年11月の地方自治法改正によって創設された制度である。

「事務の委託」との相違点としては、

・事務権限は委託団体に残る（「事務の委託」の場合は残らない）
・事務処理の基準は委託団体の基準に従う（「事務の委託」の場合は受託団体の基準に従う）

といった点が挙げられる。

（2）法人の設立を要する官官連携の仕組み

①一部事務組合（企業団）（図表37）

一部事務組合は、地方公共団体が、その事務の一部を共同して処理するために設ける特別地方公共団体である。構成団体の議会の議決を経て、協議により規約を定め、都道府県が加入するものは総務大臣の、その他のものは都道府県

図表37　一部事務組合（企業団）

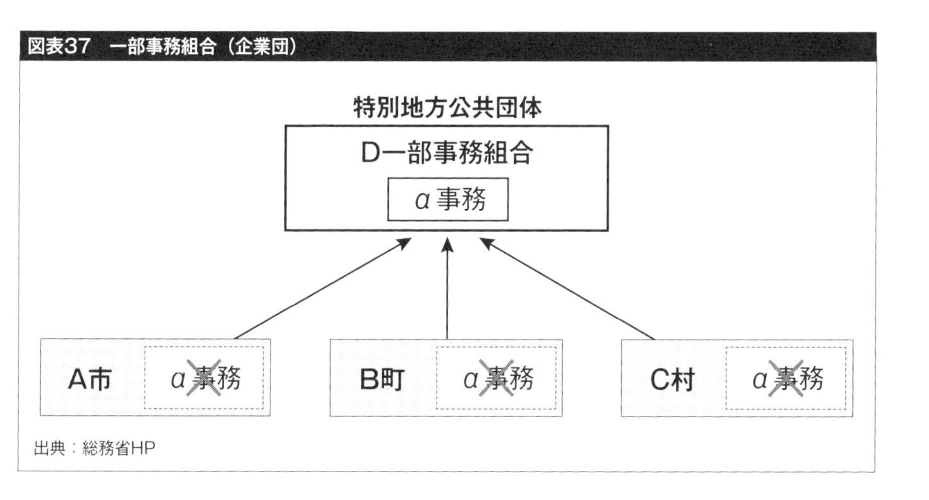

出典：総務省HP

知事の許可が必要である。

一部事務組合のうち、地方公営企業の事務を共同処理するものを「企業団」という。

一部事務組合（企業団）を設立することにより、事業統合・経営の一体化が図られる。また、組織や施設を安定的に管理・運営する上で優れている。

その一方で、企業団の設立について、各議会の議決を経ることの時間的ロスや事務的な調整の手間がかかるため迅速な意思決定が困難であること、構成団体の意見が反映されにくい等の課題が指摘されている。

上水道事業においては、2013年3月末現在で14件の「一部事務組合」（水道事務だけでなく、ごみ・し尿処理、消防、火葬などの事務を共同処理している事業者）と83件の「企業団」（水道事務のみを共同処理している事業者）が設置されている。

②広域連合（図表38）

広域連合は、地方公共団体が広域にわたり処理することが適当であると認められる事務を処理するために設ける特別地方公共団体である。構成団体の議会

図表38　広域連合

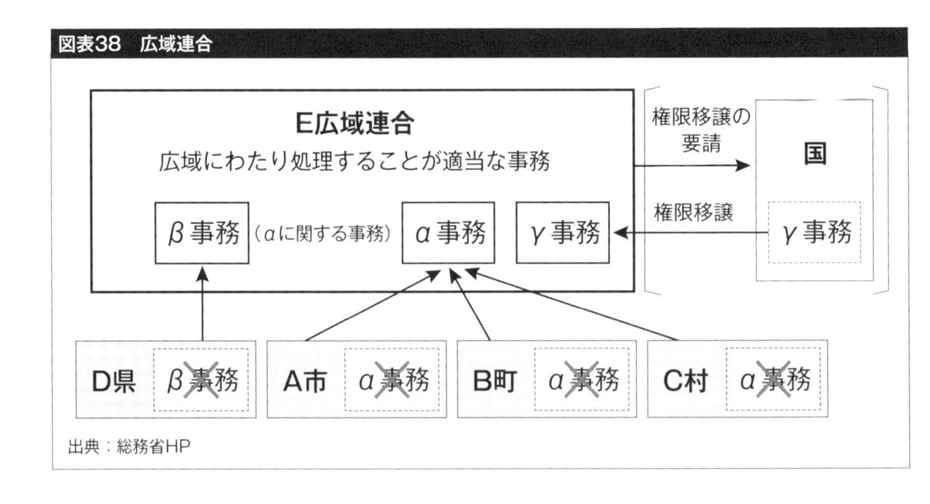

出典：総務省HP

の議決を経て、協議により規約を定め、都道府県が加入するものは総務大臣の、その他のものは都道府県知事の許可が必要である。

「一部事務組合」と比べて、国または都道府県から直接権限移譲を受けることができる点、構成団体に対し規約の変更を要請することができる点などが異なっている。

上水道事業における実施事例としては、2000年2月1日に設置された福井県の「坂井地区広域連合」(あわら市、坂井市)が挙げられる。

ただし、行っている事務は、「水道用水の供給事業の連絡調整に関すること」のみで、水道事業はそれぞれの市が実施している。

地方自治法における広域連携の仕組みを活用した水道事業の広域化については、地理的なハードル、地域間格差や事業者間・関係者間調整の困難さといった課題から、制度の活用が必ずしも十分に進んでいないが、その点、2014年11月の地方自治法改正により創設された連携協約や事務の代替執行については、新たな広域連携手法として今後の本格的な活用が期待されるところである。

5 広域化等への具体的取り組み事例

それでは、広域化・広域連携等に積極的に取り組んでいる公営水道事業者は、具体的にどのような経営を行っているのであろうか。DBJは、複数の事業者へ経営に関するインタビューを実施した。

＜実施方法＞

インタビューは2016年10月～2017年1月にかけて実施した。

＜実施先＞

本章で紹介するインタビュー実施先事業者は以下の通りである（図表39）。

＜インタビュー項目＞

以下の事項を中心にインタビューを実施した。

（項目1）水道事業の現状

（項目2）広域化・広域連携の現状・今後の見通し

図表39 インタビュー実施先

	事業者名	広域化の形態	特徴
1	八戸圏域水道企業団	事業統合	1986年設立
2	岩手中部水道企業団	事業統合	2014年設立
3	群馬東部水道企業団	事業統合	2016年設立
4	秩父広域市町村圏組合	事業統合	2016年事業開始
5	千葉県	経営の一体化	計画中
6	横浜市・横浜ウォーター㈱	広域連携	横浜市100%出資
7	大阪広域水道企業団	事業統合等	一部2017年予定
8	香川県	事業統合	2018年予定
9	兵庫県	検討中	検討中
10	北九州市	事業統合・広域連携等	事例多数
11	大牟田市・荒尾市	施設の一体化	DBO方式

（項目3）広域化・広域連携の手法
（項目4）民間の活用・連携（官民連携（PPP））
（項目5）中長期的な経営戦略

（1）八戸圏域水道企業団（図表40）

①概要

八戸圏域水道企業団は、1986年4月、八戸市を中核に11市町村（現在は合併して八戸市・三戸町・五戸町・階上町・南部町・六戸町・おいらせ町の7市町）の事業を統合した企業団（末端給水）である。

おのおのの事業体単独での水源開発は困難であり、共同での水源開発を模索する中で広域化の検討がなされたことが1986年企業団設立の端緒となった。

設立から30年を迎えた現在、システムを整備して施設の統廃合や効率化を推進してきたことにより、施設数は約半分に集約され、企業債残高も減少している。

図表40　当企業団事業概要および位置図

八戸圏域水道企業団

構成団体	八戸市、三戸町、五戸町、階上町、南部町、六戸町、おいらせ町
現在給水人口（人）	320,841
事業区分	末端給水事業
事業開始	1986.4.1
職員数（人）	156
営業収益（百万円）	7,492

出典：総務省「2014年度地方公営企業年鑑」

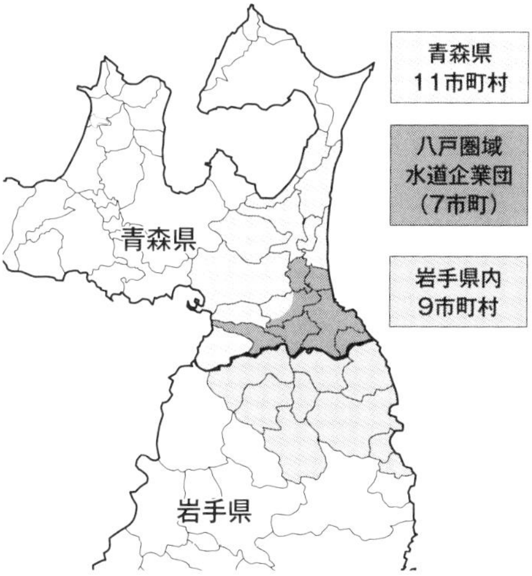

出典：総務省HP

企業団となったことで職員のノウハウの継承も円滑に進められている。

②特徴

（ア）広域化・広域連携

企業団職員としてのプロパー体制により、専門家集団育成、災害時対応等において強みを発揮している。

2008年には、当企業団と青森県南11市町村、岩手県北9市町村が県境を越えて北奥羽地区水道事業協議会を設立した。「できることから広域化」を実現していこうとの考え方に基づき、施設・水質データ管理・施設管理・システムの共同化に取り組んでいる。

水質データ管理の共同化は、2015年度から16事業体で取り組みを開始している。これは、各事業体が委託した水質検査の結果を当企業団に集約して分析し、各事業体へフィードバックを行うというものである。

超長期で見たときに地域の水道を維持していくためには広域連携が必要との観点から、中核となる事業者がリーダーシップを発揮して連携を進めている事例と言える。

（イ）官民連携

企業団が出資する北奥羽広域水道総合サービス㈱との官民連携も進める。

同社は従来メーター検針や料金徴収が主な業務だったが、給・排水設備工事の申請および完成審査や給水装置等CAD作図、配水施設管理など業域を広げている。

また、2016年度から、企業団が所有する44カ所の施設のうち20カ所の管理について、同社に委託している。

（2）岩手中部水道企業団（図表41、図表42）

①概要

岩手中部水道企業団は、用水供給事業を行っていた岩手中部広域水道企業団と末端給水事業を行っていた北上市、花巻市、紫波町が垂直統合を行い、2014年4月から事業を開始している。

各事業体の水道職員により構成される「広域水道事業在り方委員会専門部会」で、現場の職員が1年半程度の期間で二十数回の会議を精力的に重ねたこ

図表41　当企業団事業概要および統合経緯

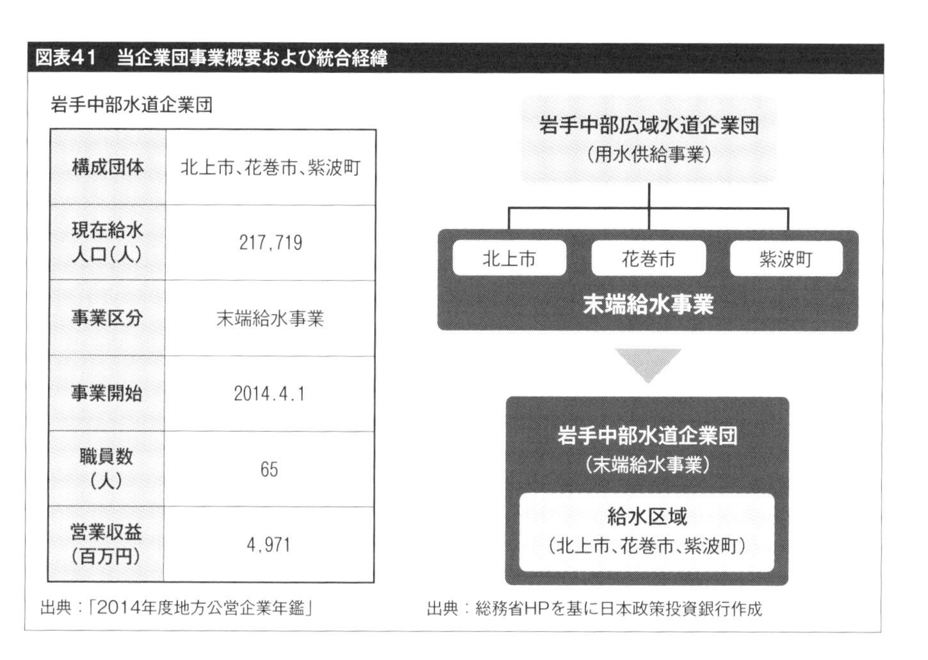

図表42　統合による効果

ヒト	▶ 技術の継承 ▶ 専門職員の配置	・100人ほどの職員体制となり、大規模かつ多量の事業の実施や非常時への対処が可能な体制を確保 ・プロパー職員としての採用により水道のスペシャリストの育成が可能
モノ	▶ 水道施設の統廃合 ▶ 更新投資の抑制	・余剰施設の有効活用により更新投資を抑制し、減価償却費および維持管理コストを削減 ・ループ送水管の整備により災害時のバックアップ体制を構築
カネ	▶ 優先事業への集中投資 ▶ 資金の一括管理・運用	・経費削減の効果による財源を活用し、管路更新率や耐震化率を改善 ・ファイナンスの効率化を図り、据え置き期間廃止による支払利息の減、ポートフォリオの見直しによる運用利息の増

出典：総務省HP

とに端を発し、ボトムアップ型で実現した広域化の先進事例である。

②特徴

（ア）長期シミュレーション

計画策定にあたり、30年間の財務シミュレーションを実施している。

シミュレーションにより、広域化を実現した場合はそれぞれが単独で経営を続けた場合と比べて、①供給単価、給水費用とももっとも低廉に抑えられること、②事業者間の水の融通等による設備のダウンサイジングが図られること、③安定水源の確保やバックアップ体制の整備等により安全・安心な水道供給体制の構築が可能であること等の結論に至り、検討開始より12年かけて事業統合を実現した。

（イ）設備のダウンサイジング

統合前は、各事業体がそれぞれの行政区域の水源や権利水量の中で給配水をマネジメントせざるを得なかったが、広域化して1つの事業体となったことで水源や権利水量の融通が可能となり、安定水源の有効活用や安全面で懸念のある水源の廃止等に加え、給配水ルートの最適化を図ることで施設のダウンサイジングを実現している。

（ウ）職員のプロパー化

職員については、企業団発足1年目には旧事業体から7名の派遣を受けていたが、新規採用も進めながら3年目には完全プロパー化を実現している。

職員のプロパー化により中長期的観点を持った水道事業経営が可能となり、職員からの提案によりさらなる事業の効率化に向けた各種取り組みを進めている。

（エ）迅速かつ適切な経営判断

企業団化に伴い、業務遂行における機動性も向上した。

建設費の上昇や想定以上の水需要の減少を受け、事業統合時の看板施策だった統合浄水場建設の中止を事業統合後に迅速に決定した他、広域ループ管のルート変更など、大規模な計画見直しを短期間で実現している。

（オ）地方公共団体ファイナンス賞の受賞

さらに、元金償還据え置き期間の廃止や留保資金の積極的運用、運用期間の見直しなどにより資金調達・運用の効率化を実施している。

支払利息の削減と受取利息の増加を実現し、地方公共団体金融機構の地方公共団体ファイナンス賞を受賞しており、さまざまな試みを機動的に行っている。

（カ）料金統一

事業統合時の最大の障害と言われることの多い水道料金の格差については、それぞれの事業者が単独で事業を実施した場合と統合した場合のシミュレーションを30年という超長期で示し、丁寧な住民説明を繰り返す中で理解を得て、統合時の料金統一を実現している。

なお、料金が値上げとなる地方公共団体については、5年間の激変緩和措置を設けることで急激に料金が上昇することを回避している。

＜参考＞

なお、岩手中部水道企業団について、事業統合までの経緯や、統合時点における計画概要等は以下の通りである。

①統合前の状況

北上川流域の北上市、花巻市、紫波町（図表43）では、北上川や地下水等を水源として各水道事業者（水道局）が末端給水事業を営んでいたが、これら自己水源と合わせて、県営入畑ダムを水源とし、岩手中部浄水場（35,500㎥／日）を整備運営する用水供給事業者である岩手中部広域水道企業団からも受水していた。

事業統合前の北上市、花巻市、紫波町の水道事業の概要（2010年3月現在）は、図表44の通りである。

図表43　岩手中部水道企業団の位置

出典：岩手中部水道企業団

図表44　統合前の2市1町の水道事業の概要

項目	北上市	花巻市	紫波町	合計
行政区域内人口（人）	93,316	103,416	34,084	230,816
給水区域内人口（人）	93,316	102,657	33,340	229,313
給水人口（人）	92,420	94,893	32,016	219,329
給水件数（件）	36,616	33,887	10,242	80,745
普及率（%）	99.0%	92.4%	96.0%	95.6%
年間配水量（㎥／年）	9,610,302	11,229,332	3,633,184	24,472,818
年間総有収水量（㎥／年）	8,407,814	9,012,671	2,838,972	20,259,457
有収率（%）	87.5%	80.3%	78.1%	82.8%
年間総有効水量（㎥／年）	8,863,520	9,673,860	3,166,349	21,703,729
有効率（%）	92.2%	86.1%	87.2%	88.7%
一日最大配水量（㎥／年）	29,771	36,056	12,174	78,001
一日平均配水量（㎥／年）	26,330	30,765	9,953	67,048
負荷率（%）	88.4%	85.3%	81.8%	82.8%

出典：岩手中部水道広域化基本構想　（2010年3月現在）

北上市、花巻市、紫波町を構成団体とする用水供給事業者である岩手中部広域水道企業団は、1980年に設立され、1991年4月に給水を開始した。同企業団は、県営入畑ダムから1日最大35,500㎥/日（施設能力）の浄水を、総延長59.3kmの送水管を経て、2市1町の配水池（12カ所）に供給する供給計画を有していた。当該用水供給計画による同企業団から2市1町への供給量の内訳は、図表45の通りであった。

図表45　2市1町への用水供給水量内訳

構成市町	供給水量（㎥/日）	割合（%）
北上市	17,208	48.47
花巻市	15,812	44.54
紫波町	2,480	6.99
合計	35,500	100.00

出典：岩手中部水道広域化基本構想　概要版

②問題点

統合前の岩手中部広域水道企業団を構成する2市1町の地域水道において、以下の2点が課題であった。

（ア）水源の不安定さ

2市1町の水源には、水質・水量に問題のある問題水源と水質・水量が安定しない不安定水源がある。例えば紫波町では、地下水源の揚水量が低下傾向にあることや、他の水源でもマンガンの含有量が多く、地震時に濁度が上昇する水源があること等が挙げられる（図表46）。

（イ）施設運用の非効率

2009年度における施設の最大稼働率（1日最大給水量／1日給水能力）を見ると、紫波町は97.1%と施設能力が逼迫（ひっぱく）しているのに対し、北上市は62.2%、花

図表46　紫波町上水道の自己水源および浄水場

水源種別		問題・課題	取水能力 ㎥	浄水場名	浄水方法	配水能力 ㎥	改善策	
							自立caseA	統合caseB
片寄第1・4水源	深井戸	揚水量低下	855	片寄浄水場	急速ろ過	1,715	膜ろ過化	廃止
片寄第2水源	〃	〃	1,553				井戸掘削	
小山沢水源	湧水	マンガン多く着色	526	小山沢	塩素滅菌	371	廃止	廃止
大明神水源	湧水	地震時に濁度上昇	564	大明神	塩素滅菌	560	更新	廃止
水分水源	湧水	〃	3,134	水分	塩素滅菌	2,571	膜ろ過化	膜ろ過化
古館水源	伏流水	クリプト対策要	4,320	古館揚水場	塩素滅菌	3,510	膜ろ過化	膜ろ過化
長岡第1水源	浅井戸	揚水量低下	244	長岡揚水場	塩素滅菌	414	膜ろ過化	膜ろ過化
長岡第2水源	〃	〃	217					
長岡第3水源	〃	〃	286					
赤沢水源	湧水	地震時に濁度上昇	1,115	赤沢浄水場	膜処理	500	増設	増設
合計			12,814			9,641		

出典：厚生労働省

巻市は75.0%、企業団は79.7%と余裕のある運用となっている（図表47）。

企業団の用水供給先を見ると、紫波町以外の北上市、花巻市における利用が伸び悩んでおり、構成団体の水需要と用水供給にアンバランスがあることがわかる。

図表47　企業団および2市1町の水道事業者の施設最大稼働率

年度		2006	2007	2008	2009
企業団		67.1	66.1	71.7	79.7
北上市		69.1	68.7	66.3	62.2
花巻市		78.3	76.3	75.9	75.0
紫波町		93.3	97.8	93.0	97.1
全国（中央値）	用水供給事業体	65.1	75.4	75.4	75.4
	上水道事業体	75.0	74.2	74.2	74.2

出典：岩手中部水道広域化基本構想　概要版　（単位：%）

③事業統合に至る過程（図表48）

2002年2月に岩手中部広域水道企業団議会の一般質問において「企業団と構成市町の事業体を統合し、企業団に集約すべき」という提言がなされた。

これを契機に、2004年1月から「岩手中部広域水道事業在り方委員会」が開催され、2006年3月に「広域による水道事業経営は、運営基盤および技術基盤の強化が図られ、経営の安定化、効率化などに大きな効果をもたらす」との報告がなされた。

これを受け、2009年度の企業団および構成市町の地域水道ビジョンにおいて、岩手中部の水道広域化をめざすことが明記された。

図表48　設立までの沿革

年月	内容
2002年2月	岩手中部広域水道企業団議会の一般質問において「企業団と構成市町の事業体を統合し、企業団に集約すべき」という提言がなされる
2004年1月～2006年3月	「岩手中部広域水道事業在り方委員会」開催
2006年3月	岩手中部広域水道事業在り方委員会報告書において「広域による水道事業経営は、運営基盤および技術基盤の強化が図られ、経営の安定化、効率化などに大きな効果をもたらす」と報告
2009年3月～2010年3月	岩手中部広域水道企業団および構成市町の地域水道ビジョンにおいて、岩手中部の水道広域化をめざすことを明記
2011年3月	「岩手中部水道広域化基本構想」策定
2011年10月	岩手中部広域水道企業団および構成市町との間で「岩手中部地域水道事業の統合に関する覚書」締結
2012年3月	「岩手中部水道広域化事業計画」策定
2012年4月	岩手中部広域水道企業団内に「水道広域化統合準備室」設置
2012年12月～2013年2月	学識経験者と構成市町の地域住民で構成する「岩手中部水道料金検討委員会」開催。統合水道料金体系は「口径別・基本水量なし・逓増型従量料金」が望ましいという委員会報告書提出
2013年5月～2013年9月	構成市町の各地域において、住民説明会を開催（計59カ所、延べ795人参加）
2013年9月	岩手中部水道企業団の設置について構成市町議会で議決
2013年10月	「岩手中部地域水道事業の統合に関する協定」締結。岩手中部水道企業団の設置が岩手県知事から許可
2014年2月	岩手中部水道企業団議会において、水道料金等の条例および2014年度予算議決

出典：岩手中部水道企業団HP

2011年3月に「岩手中部水道広域化基本構想」が策定され、同年10月に岩手中部広域水道企業団および構成市町の間で「岩手中部地域水道事業の統合に関する覚書」が締結された。

2012年3月に「岩手中部水道広域化事業計画」が策定され、2013年9月には岩手中部水道企業団の設置について構成市町議会で議決され、同年10月の岩手県知事からの設置許可を経て、2014年4月から新たな企業団での事業が開始された。

④事業統合の概要

事業統合により、段階的な水源の統廃合および市町間の水融通を図り、事業の効率化を実現する。

具体的には、旧企業団は施設能力（35,500㎥/日）を岩手中部地域で最大限有効に活用する。

北上エリアでは、北上エリア外での利用を目的とし、現在休止中の和賀川水源（表流水6,000㎥）等和賀川系の水源を再活用する。

花巻エリアでは、北上川水系の水源施設を休止（将来的に廃止）し、水源は豊沢川に一本化するとともに不足分は企業団からの受水量の増量により対応する。

さらに、紫波エリアでは老朽化が進行している水源および浄水施設を廃止し、企業団からの受水の増量による対応に切り替える。

⑤統合効果

2024年度時点での施設能力、水量等から求められる事業統合（垂直統合、水平統合）の効果として、以下の点が挙げられる。

（ア）安定水源の確保と水資源等経営資源の共有化

事業統合を行わない場合の水源水量に占める安定水源割合は71.1%と予測されるが、不安定水源である地下水源等を廃止し、入畑ダム（企業団）等の表流水を主たる水源に切り替えることで、安定水源の割合は93.2%に上昇するものと推定される。

（イ）施設の効率的運用

広域化によって圏域全体としての水源の利用率や最大稼働率が平準化され、水の相互融通等により水源能力の余裕を確保した上で、より効率的な運用が可能となると予想される。

2009年度の施設最大稼働率（1日最大給水量／1日給水能力）は、企業団79.7%、北上市62.2%、花巻市75.0%、紫波町97.1%とばらつきがあり、かつ紫波町の施設運用に余裕のない状態であるが、統合後の施設最大稼働率の予想値は域内で90.4%となる。

（ウ）施設の統廃合による余剰規模の縮小

広域化による水源および浄水施設の統廃合により、現状施設能力の約8%に及ぶ余剰規模の縮小が可能になる。当該広域化に伴う施設の統廃合と整備の予定は、図表49の通りである。

図表49　岩手中部水道企業団　広域化に伴う施設の統廃合と整備の予定

	現在の浄水場・浄水施設数※1	広域化した場合の浄水場・浄水施設数※2	広域化に伴い整備される浄水場※2	広域化に伴い整備される配水池※3
北上エリア	4	3 （廃止2、新設1）	統合浄水場 （和賀川系）	
花巻エリア	20	15 （廃止5）		東和配水池（新設） 新三竹堂配水池（新設）
紫波エリア	10	4 （廃止6、更新1）	（古館浄水場）	片寄配水池（増設）

※1　北上エリアは予備水源を除いており、花巻エリアは簡易水道の浄水施設を、紫波エリアは揚水場、船久保浄水場（営農飲雑用水）を含んでいる

※2　北上エリアは和賀川浄水場および江釣子浄水場を廃止し、和賀系水源の統合浄水場を新設することを想定している。花巻エリアは、高円万寺浄水場の北上川水源および、湯本、十日市、土沢、晴山、中内浄水場の5浄水場の廃止を想定している。紫波エリアは片寄、長岡、佐比内浄水場の3施設および小山沢・大明神・沢田の3水源を廃止し、古館揚水場を更新（DBOで浄水場化）することを想定している

※3　東和配水池は北上エリアからの分水用、新三竹堂、片寄配水池は企業団用水受水用として整備する

出典：岩手中部水道広域化基本構想　概要版

（3）群馬東部水道企業団（図表50）

①概要

当企業団は、2016年4月に3市5町（太田市、館林市、みどり市、板倉町、明和町、千代田町、大泉町、邑楽町）の事業統合（水平統合）により設立された。

給水人口規模約45万人は、末端給水を行う企業団で国内最大級である。

事業統合にあたっては、統合後一定期間経過後に審議会を設けて料金統一に向けた議論を行う予定としており、柔軟なプロセスにより広域化を実現した事例である。

②特徴

（ア）官民連携について

太田市は、1999年の料金徴収業務の委託から始まり、2002年に全国に先駆け浄水場の維持管理第三者委託を、2007年から水道事業の大部分の業務の民間委託を実施する等、住民の理解を得ながら段階的に民間委託の業務範囲を拡大し

図表50　当企業団事業概要および官民共同出資会社（スキーム）

群馬東部水道企業団　※印は2014年度の各事業体数値の合計

構成団体	太田市、館林市、みどり市、板倉町、明和町、千代田町、大泉町、邑楽町
現在給水人口（人）	445,080※
事業区分	末端給水事業
事業開始	2016.4.1
職員数（人）	93※
営業収益（百万円）	10,086※

出典：総務省「2014年度地方公営企業年鑑」

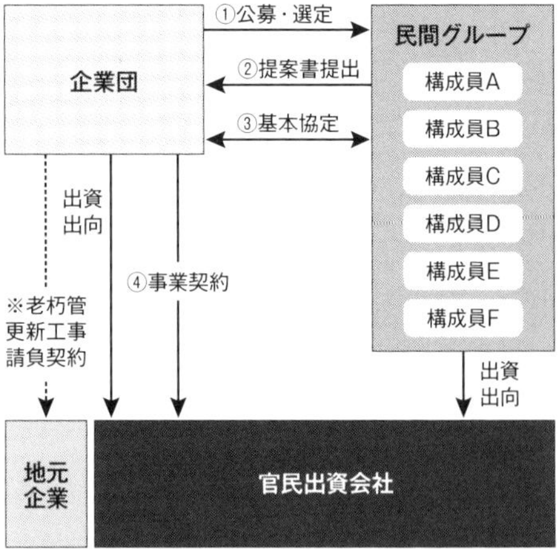

※老朽管更新工事（施工）については、官民出資会社との事業契約に含めず、従来通り企業団から地元企業へ工事発注する。

出典：当企業団HP

てきた。また、館林市も浄水場の維持管理業務の民間委託を早くから実施してきた経緯がある。

そのため、企業団も2017年4月より拡張工事（4条予算の執行）等を含めた水道事業運営を、企業団が51％、民間コンソーシアムが49％出資する官民共同出資会社へ包括的に委託を行っている（期間8年）。

（イ）官民共同出資会社

官民共同出資会社は、①企業団との連携や地域経済発展への貢献、②公益性を確保しつつも民間の技術・ノウハウを生かした効率的事業運営、③行政区域にとらわれずに周辺地域からの業務受託を通じた管理の一元化によるさらなる広域事業形態の模索、の3つを事業方針としている。

すべての業務を民間企業に委託した場合、企業団のノウハウの維持、技術の承継が困難となるが、官民共同出資会社の場合は企業団から職員を派遣することが可能である。

企業団のガバナンスが確保できるよう、企業団が過半数を占める51％を出資し、発行済み株式のすべてに譲渡制限をかけている。

一方、地元企業の育成や災害時対応等の観点から、既設管路の更新事業は従来通り企業団から地元企業へ工事発注することとしている（CM方式）。

（ウ）官民連携（PPP）が広域化に寄与

事業統合による広域化を比較的短期間で実現できた理由の1つとして、太田市と館林市が民間への包括的な業務委託を実施していたことにより、職員が広域化検討のために必要な時間を確保できたことが挙げられる。

とりわけ小規模事業体の中には、限られた職員数ですべての業務を実施しているところが多いことから、民間事業者をうまく活用しながら、官以外に行うことができない業務に集中することが望ましいと考えられる。

本件は、官と民の良いところをうまく組み合わせて連携を進めていたことが広域化の実現にも寄与した事例である。

（4）秩父広域市町村圏組合（図表51、図表52）

①概要

総務省が推進する定住自立圏構想の秩父地域版ビジョンである、「ちちぶ定住自立圏共生ビジョン」（初版2010年3月）において、「秩父圏域における水道事業の運営見直し」が挙げられたことをきっかけに広域化の検討が始まった。2016年4月に1市2町1組合で事業統合（水平統合）を実現している。

新たな企業団を設立せず、既存の一部事務組合の業務に水道事業を追加したことにより、企業団を新設した場合に係る事務等時間的コストや人件費等金銭的コストを節約し、効率的に広域化を実現した事案である。

②特徴

（ア）長期シミュレーション

50年間の財務シミュレーションにおいて、いずれの市町においても統合した

図表51　当組合事業概要および位置図

秩父広域市町村圏組合　※印は2014年度の各事業体数値の合計

構成団体	秩父市、横瀬町、小鹿野町、皆野・長瀞上下水道組合（皆野町、長瀞町）
現在給水人口（人）	103,067※
事業区分	末端給水事業
事業開始	2016.4
職員数（人）	54※
営業収益（百万円）	2,206※

出典：総務省「2014年度地方公営企業年鑑」　出典：総務省HP

場合の方が単独経営を続けた場合より水道料金の値上げを抑制できる。

なお、2011年に策定された「秩父広域水道圏広域的水道整備計画」においては、統合浄水場の新設が計画されていたが、シミュレーションの結果、事業費が多額になる試算が出たこともあり実現には至らなかった。代わりに、配水池を整備する計画に転換すること等により事業の効率化を実現している。

（イ）統合の効果

例えば管路の更新については、2014年度、2015年度の更新実績（6km）に対し、2016年度は契約ベースで既に11km程度に達しており、統合前よりも大幅に更新ペースが上がっている。

（ウ）既存の広域市町村圏組合の活用

既存の一部事務組合を活用することで、企業団を新設する場合と比べ、総務系機能を中心に効率化を実現した。

一方で入札・契約事務については、業務ボリュームに相違があり対応が困難であることが判明したため、水道局内に契約検査課を新設し、水道に限らず当組合すべての事業に関する入札・契約事務を行っている。

（エ）今後の課題

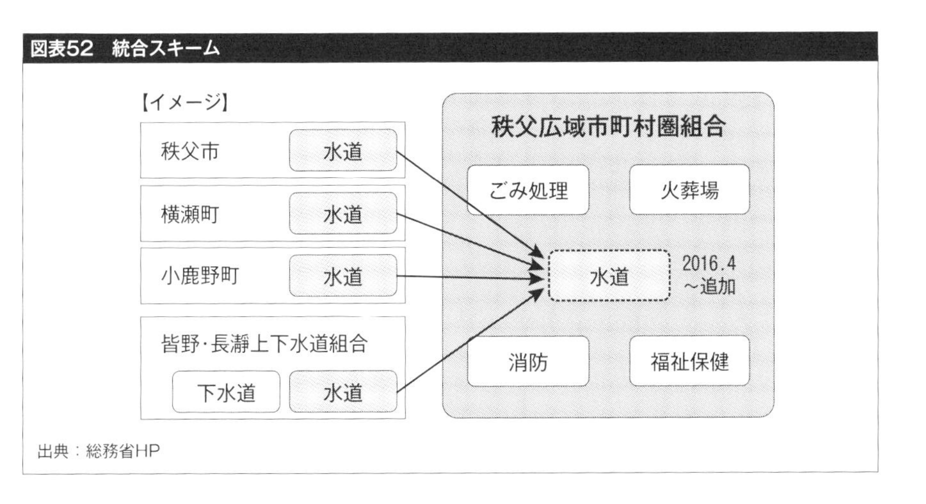

既存の41浄水場のうち、15カ所を廃止予定としているが、給水人口が非常に少ない浄水場も数多く残っている。

これら条件不利地域における水道のあり方が今後の課題として挙げられる。

（オ）官官連携・官民連携

2016年度は、「中長期施設維持管理計画策定業務」を委託しており、効率的な維持管理手法や官民の役割分担のあり方などを検討していくこととしている。

（カ）料金統一

水道料金については、今後5年以内に統一する。統一するまでは基準料金を設け、不足分は各市町の一般会計から繰り入れを実施する。

（5）千葉県（図表53）

①概要

千葉県には、末端給水を担う県営水道の他6つの用水供給事業体と40の末端給水事業体が存在している。そのうち、県営水道と2つの用水供給事業体の水平統合を検討しており、第1ステップで経営統合（経営主体は県に変わるが事業（会計）は別々）、第2ステップで事業統合（事業（会計）を一本化）と段階的に統合を進めることを想定している。

並行して、当該地域の末端給水事業体の統合の検討も市町村が主体となり進められている。

②特徴

（ア）広域化・広域連携

千葉県では、1934年に県営水道が創設され、現在は11市を給水区域として水道事業を行っている。

県営水道以外の地域では1970年代から市町村による企業団方式で用水供給事業が開始され、現在、6つの一部事務組合が用水供給事業を行っている。

図表53　広域化の工程および位置図

県内６用水供給事業体（2015年度決算）

	北千葉（企）	東総（企）	君津（企）	印旛（組）	九十九里（企）	南房総（企）
給水費用（円/㎥）	60.34	146.05	99.9	141.41	139.49	232.07
供給単価（円/㎥）	76.28	167.47	121.45	175.56	163.64	259.43

※給水費用（円/㎥）…水を１㎥つくるのに必要な経費
※供給単価（円/㎥）…末端給水事業体に供給した１㎥あたりの収益

出典：千葉県

千葉県は水源が乏しく、歴史的に水源の確保に非常に苦労してきた地域である。特に、九十九里地域、南房総地域は水資源が乏しく、巨額の投資を行って房総導水路を引き利根川から水を獲得していることなどから、他の地域に比べ用水供給料金が高くなっている。

県は、広域地方公共団体として広域的な水源の確保および水道用水供給事業を担い、市町村は、基礎自治体として住民生活に密接なサービスである末端給水事業を担うことを基本的方針とし、上記状況を踏まえリーディングケースとして県営水道と九十九里地域、南房総地域の2つの用水供給事業体の統合に向けた検討を進めることとなった。

関係事業体等との協議を重ねて、2015年7月、県が示した「県内水道の統合・広域化の進め方（取り組み方針）」に対して関係市町村等全27団体の賛同が得られたことから、2016年3月から「実務担当者による検討会議」で具体的な協議を行っている。

なお、末端給水事業体の統合については、地域ごとにその地域の企業団が事務局となり、広域化に向けた研究会等が複数地区で開催されている。

（イ）県による補助事業

千葉県では、水道事業体間の水道料金の格差を是正するための補助制度を創設している（県営水道の給水費用との比較において補助するスキーム）。

2015年度は約25億円の補助を行っているが、それでも水道料金に3倍くらいの格差が生じている。

（6）横浜市・横浜ウォーター㈱（図表54）

①概要

2010年7月に横浜市100％出資の株式会社、横浜ウォーター㈱を設立。横浜市からの受託にとどまらず、国内外でアドバイザリー業務等ビジネスを展開している。

②特徴

当社は、日本でもっとも長い歴史を有する横浜市水道局ならびに下水道事業を所管する横浜市環境創造局が持つノウハウや総合力を生かし、①上下水道事業アドバイザリー業務、②施設運転維持管理等の事業運営支援、③国際プロジェクト、④研修事業を手掛け、国内外地方公共団体における課題解決への貢献と横浜市水道局の経営基盤強化に資する還元をめざして横浜市100%出資の株式会社として設立された。

国内においては、料金収入減少や技術者不足などの課題を抱えている中小事業体の上下水道事業運営を支援するアドバイザリー業務を展開しており、上下水道施設の運転管理における民間事業者活用手法の導入および管理支援や改築・更新事業計画の策定、経営戦略の策定など官側に立ったアドバイザリー業務を展開している。

例えば、宮城県山元町や岩手県矢巾町、茨城県坂東市、神奈川県座間市、埼玉県秩父広域市町村圏組合など複数の地方公共団体からアドバイザリー業務を受託している。また、横浜市と横浜ウォーター㈱、岩手県矢巾町の三者間で包括的連携協定を締結するなど新たな広域連携も進めている。

官民連携（PPP）が叫ばれている中、官民連携（PPP）を活用する際に官側（発注者）が適切なモニタリングを実施していくことは重要であり、その点に

図表54　当社事業概要

出資者	横浜市
事業開始	2010.7.1
職員数（人）	29
営業収益（百万円）	399

※社員数は2016年5月現在、営業収益は2015年度決算
出典：横浜ウォーター㈱HP

おいても当社が有する経験やノウハウ、中立的なアドバイス力が期待されている。

また、海外分野における技術協力プロジェクト等においても長年の上下水道事業運営ノウハウを駆使し、横浜市100％出資の強みを生かした改善力などに強みがある。

③官100%出資会社による広域連携

（ア）岩手県矢巾町との連携（図表55）

横浜市・横浜ウォーター㈱・矢巾町の3者間では、従前より研修やシンポジウムを通して交流を深めていたことに加え、2015年度には矢巾町が進める管路更新事業において官側に必要なノウハウを提供する観点から配水管布設替業務（配水管更新に係る設計・積算・施工監理等を支援）を受託する等連携を行っていた。

さらに横浜市と横浜ウォーター㈱、岩手県矢巾町の3者間で包括的連携協定

図表55　協定内容および包括的連携協定調印式

出典：横浜ウォーター㈱提供

出典：横浜市HPを基に日本政策投資銀行作成

を締結する等新たな広域連携を進めており、矢巾町が持つ戦略的な住民コミュニケーション力（2015年度水道イノベーション大賞を受賞）を生かした連携、横浜市が有する総合力を生かした連携を行っている（協定期間：2015年8月から3年間）。

（イ）宮城県山元町との連携（図表56）

東日本大震災によって甚大な被害を受けた宮城県山元町に対し、横浜市を挙げて復旧・復興支援に取り組む中、2013年に横浜市と横浜ウォーター㈱、宮城県山元町の三者間で「山元町の上下水道事業支援に関する協定」を締結し、技術協力等による事業支援を通じた安定的かつ持続的な上下水道事業運営を確保することを目的とした連携を行っている（協定期間：2013年3月から6年間）。

横浜ウォーター㈱は、2013年度より山元町と上下水道事業経営アドバイザリー業務委託契約を締結し、上下水道事業包括的業務委託導入や財政計画策定の支援を行ってきた。現在では、包括的業務委託のモニタリングを支援する他、上下水道事業に係る経営計画や長寿命化および更新計画の策定、上下水道ビジョン策定、設備保全管理システムの導入および運用などを支援するとともに、同町主催の祭りに参加して上下水道事業のPRも支援している。

図表56　包括委託モニタリング会議、施設健全度診断

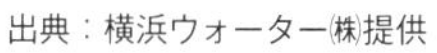

出典：横浜ウォーター㈱提供

（7）大阪広域水道企業団（図表57）

①概要

大阪広域水道企業団は、大阪市を除く府内全42市町村が構成する一部事務組合として2011年4月に事業を開始（大阪府水道事業（用水供給事業）を企業団へ移管）した。府域一水道を掲げ、域内で広域化を推進している。

②特徴

（ア）市町村との連携（広域化のロードマップ「ステップ1」に該当）（図表58）

府内42市町村は、これまで水質検査の一部の共同検査を実施してきた。このうち、河南地域の10市町村では、2013年から共同検査の対象をさらに拡大し、水質検査および水質管理全般を共同で実施する広域的な水質管理拠点「河南水質管理ステーション」を設置し、市町村との連携を推進している。

また、用水供給エリアである河南町や藤井寺市、島本町等から、配水池の耐震化や浄水場の更新に係る実施設計・工事など個別業務の受託（私法上の委託）を実施している。

これは、大阪府域の水道事業体における老朽化施設の更新やベテラン職員の大量退職による技術継承問題などの課題に対応するため、企業団の人材や長年

図表57　当企業団事業概要

構成団体	大阪府を除く府内全42市町村
現在給水人口（人）	6,179,507
事業区分	用水供給事業
事業開始	2011.4.1
職員数（人）	352
営業収益（百万円）	38,844

出典：総務省「2014年度地方公営企業年鑑」

にわたり培ってきた高い技術力を活用して設計から発注、工事における一連の業務において技術的な支援を行っている。

（イ）市町村との統合（広域化のロードマップ「ステップ2」に該当）（図表58）

2017年4月に企業団と3団体（四條畷市、太子町、千早赤阪村）が統合したが、3団体は水道事業認可を廃止して新たに企業団が事業認可を取得するものの、会計はそれぞれ区分して水道料金は統合しない。

加えて、2019年度には7団体（能勢町、豊能町、忠岡町、田尻町、泉南市、阪南市、岬町）との統合も計画されている。

最終的には府域全体の水道事業の統合を目標に掲げている。

（ウ）経営改善のための取り組み

維持管理業務において、応札者が限定されるプラント設備工事は、民間企業

図表58　大阪府広域化ロードマップ

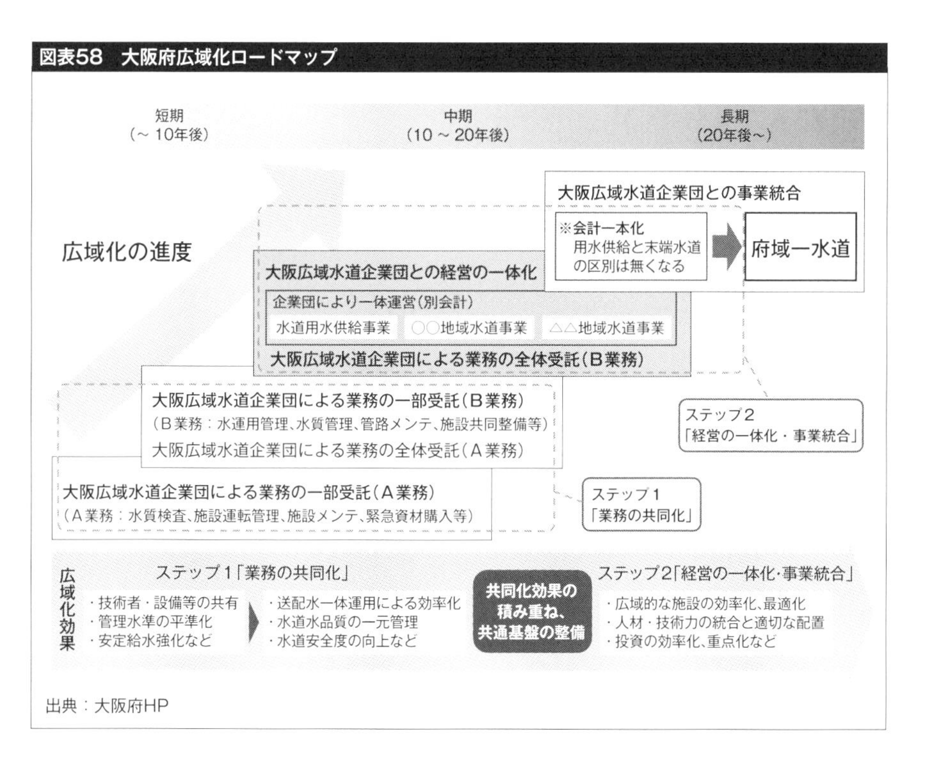

出典：大阪府HP

に業務を発注する際にBM（建設［Build］・維持管理［Maintenance］）発注という方式を採用し、建設と維持管理の一括発注により費用を削減している。

なお、設計（Design）は、企業団のノウハウ・技術力を生かし自前で行っている。

（8）香川県（図表59、図表60）

①概要

対岸の岡山県玉野市から用水供給を受けている直島町を除く8市8町と県で県内一水道に向けた広域化の検討を進めている。

2015年4月に地方自治法に基づく法定協議会（「香川県広域水道事業体設立準備協議会」）を設立し、2018年4月からの広域水道事業体（企業団）による事業開始をめざし、検討を進めている。

②特徴

これまで水源の確保に苦労してきた歴史的経緯にあり、現在、香川県が香川用水を活用して県内各市町に用水供給（水道水源の約48％）を行っている。

図表59　位置図

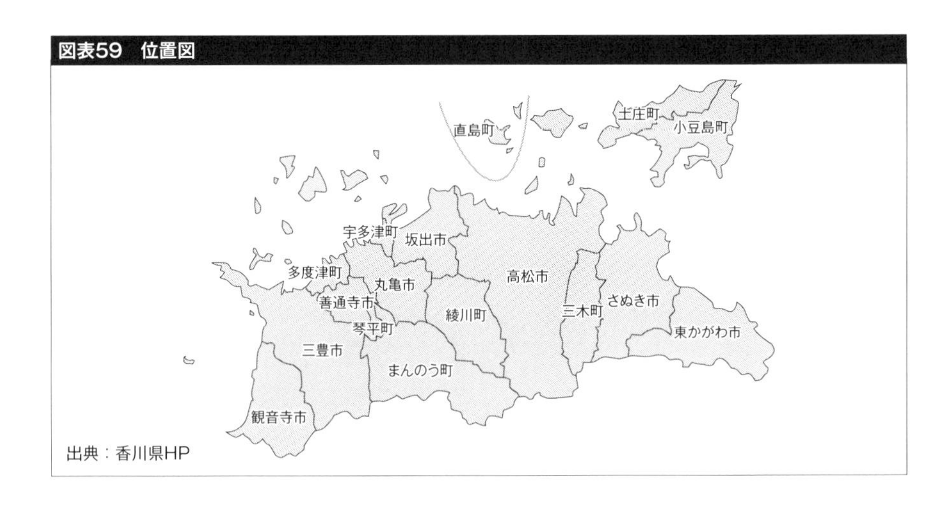

出典：香川県HP

一方、各市町も自己水源を維持する必要があったことから、広域化により水源の一元管理による安定供給が達成できないか、検討を重ねてきた。

2008年に県水道局および市町水道担当者による水道広域化勉強会が実施され、広域化の本格的な検討がスタートした。2015年度からは地方自治法に基づく法定協議会（直島町を除く全市町が参加）を設置し検討を続けている。

当初は広域化に慎重な意見もあったものの、各事業者の経営状況が悪化してからの広域化は、事業者間の調整がより困難になることが予想されるため、県全体の収益的収支が赤字に転じる前までに新たな運営母体を設立すべきとの方針の下検討を進めている。約30年間の長期シミュレーションを実施した結果、広域化した場合の方が単独経営の場合よりも供給単価の上昇が抑えられる試算となっている。

③財政運営についての考え方

事業体間の公平性を確保するため、企業団が業務開始する2018～2027年度

図表60　企業団組織体制のイメージ

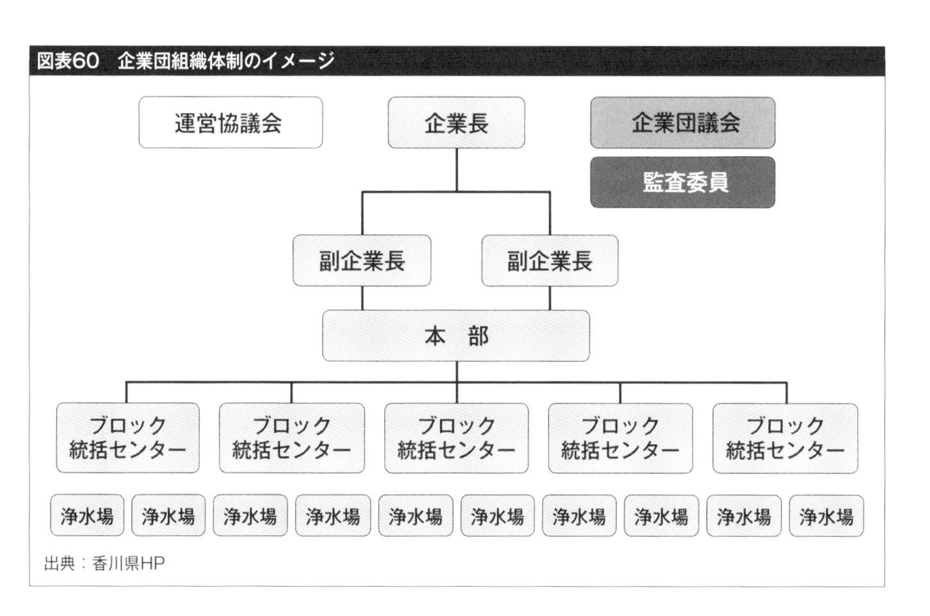

出典：香川県HP

までの10年間は旧事業体ごとの区分経理を設ける（格差是正期間）。

期間中に施設整備状況や財政状況の格差を是正し、期間終了後に一体経理とする（水道料金も統一）。同じく事業体間の公平性確保の観点から、同期間終了時に旧事業体ごとに、内部留保資金を料金収入の50％以上、企業債残高を同3.5倍以内にすることを目標設定している。

（9）兵庫県（図表61）

①概要

兵庫県では、県が調整役を果たし兵庫県内の水道事業のあり方について検討・議論を進めている。

②地域の特徴

兵庫県は、21市70町の基礎自治体が存在していたが、現在では29市12町まで合併が進んでいる。

図表61　兵庫県内における議論の流れ

水道事業の今後のあり方を考える会ワーキンググループ	
2014年12月～2015年5月	兵庫県企画県民部市町振興課、健康福祉部生活衛生課、企業庁水道課、兵庫県市長会、兵庫県町村会　※オブザーバー／多可町

▼

水道事業の今後のあり方を考える会	
2015年8月～11月	加西市長 、丹波市長、南あわじ市長、多可町長、上郡町長、新温泉町長、兵庫県公営企業管理者

▼

兵庫県水道事業のあり方懇話会	
2016年5月	学識経験者、兵庫県市長会、兵庫県町村会、養父市長、上郡町長、神戸市・姫路市水道事業管理者、淡路広域水道企業団・阪神水道企業団企業長、兵庫県企画県民部長、同県健康福祉部長、同県公営企業管理者

出典：兵庫県HPを基に日本政策投資銀行作成

北は日本海に面し南は瀬戸内海、神戸市のような大都市もあれば中山間地もあり、日本の縮図といわれるほどさまざまな地方公共団体が存在している。

簡易水道の整備を進め、水道未普及地域の解消に非常に力を入れてきた歴史があり、現在の普及率は99.8%と全国でもトップクラスの水準である。

その後、国の政策もあり、1960～1970年代には550近くあった県内の簡易水道事業は2015年現在84まで減少している。減少した簡易水道事業は上水道事業に統合されており、これにより上水道事業の経営悪化を招いている。

③協議を開始した経緯・現状

そのような状況下で、ある地方公共団体の首長からの問題提起を契機とし、兵庫県町村会が事務局となってワーキンググループが設置されたことが兵庫県内水道事業のあり方について協議を開始したきっかけである。

ワーキンググループの後、有志による首長等が議論をする場を設け、「水道事業の今後のあり方を考える会」で取りまとめられた提言により、県・市町が一体となって協議･検討する場（懇話会）の設置が要望された。それを受けた県・市町では2016年度からは「兵庫県水道事業のあり方懇話会」で議論が進められている。

「あり方懇話会」は、学識経験者、市長会代表首長、町村会代表首長、水道事業者、用水供給事業者、兵庫県で構成されており、県の生活衛生課と市町振興課、企業庁水道課、水エネルギー課の4課が事務局となっている。

2016年度は、議論の中間報告書を作成し地域ごとにめざすべき水道事業の方向性として考えられる方策を示し、2017年度には地域別協議会を設けて圏域ごとに地域課題に即した具体的な方策を検討するフェーズに入っていく予定としている。

（10）北九州市（図表62）

①概要

北部福岡緊急連絡管の維持用水や同市が有する高いノウハウ・技術力を生かし、周辺事業者との事業統合や用水供給、事務の代替執行等により積極的な広域連携を進めている。

加えて、地元企業等とも連携し、海外ビジネスも積極的に展開している。

②広域連携について

北九州市では、①水源の共同開発に取り組んだ近隣市町村に対して暫定措置として行っていた分水に対して、事業統合や用水供給への切り替えを実施したケース（芦屋町、水巻町、岡垣町、香春町）、②暫定的に原水を分水しているケース（田川地区水道企業団）、③災害対策として進められた北部福岡緊急連絡管の維持用水を活用して用水供給事業を開始したケース（古賀市、新宮町、宗像地区事務組合）、④水道法上の「第三者委託」および地方自治法上の「事務の代替執行」による受託（宗像地区事務組合）、の大きく4つに分類される広域連携を展開している。

図表62　当市事業概要

現在給水人口（人）	995,526	113,499
事業区分	末端給水事業	用水供給事業
事業開始	1912.4.1	2011.4.1
職員数（人）	346	8
営業収益（百万円）	16,670	331

出典：総務省「2014年度地方公営企業年鑑」

③㈱北九州ウォーターサービスの設立

50年以上にわたり北九州市上下水道施設の維持管理業務等を担ってきた（一財）北九州上下水道協会を核に、国内外の上下水道事業に対し効率的な事業運営を一体的に行うことを目的とし、資本金1億円を北九州市が54％、㈱安川電機とメタウォーター㈱が19％ずつ、金融機関4行が各2％ずつ出資して2015年12月に設立された。

主要事業は、上下水道事業、水道広域化事業、上下水道の海外ビジネス事業となっている。

④包括的な業務受託について（図表63）

（ア）経緯

図表63　委託手法と委託内容の整理

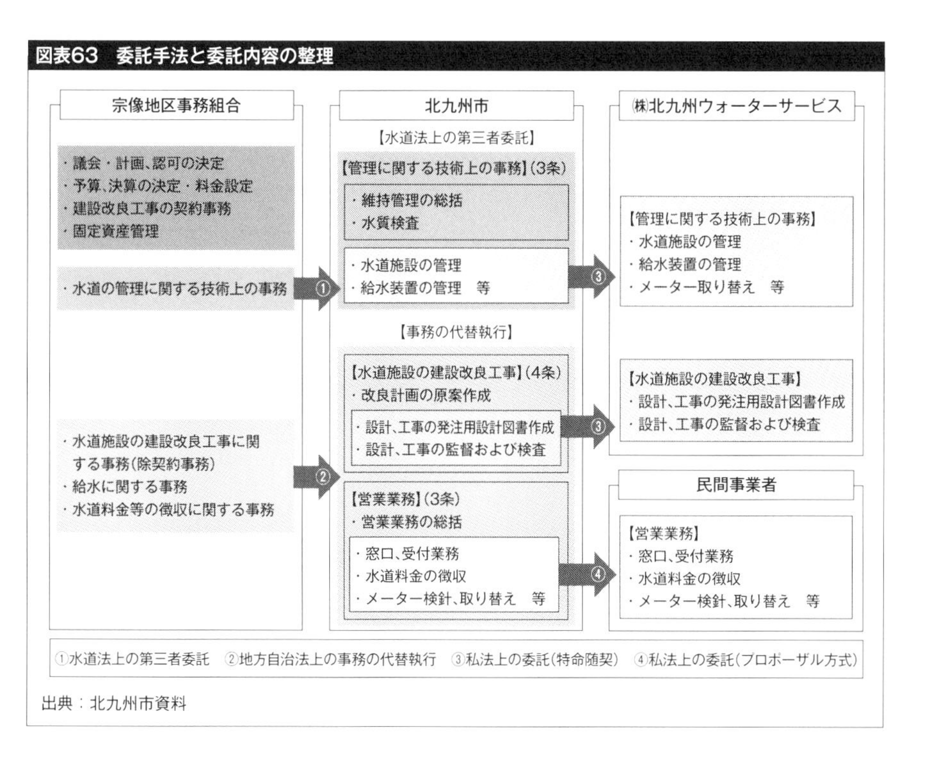

出典：北九州市資料

宗像地区事務組合（宗像市・福津市）は、水道事業の経営改善と事務の効率化を目的に、これまで浄水場などの管理運営を民間事業者へ委託してきた。

一方、北九州市は、2011年に同組合へ用水供給を開始、翌2012年には、技術研修等への職員受け入れや広域連携の推進を内容とする技術協力の協定を締結している。

このような経緯もあり、2016年4月から北九州市が同組合の水道事業に関する包括的な業務受託を実施している。

（イ）スキーム

水道の管理に関する技術上の業務は、宗像地区事務組合から北九州市への「第三者委託」（水道法第24条の3）とし、その他の業務は、宗像地区事務組合長の名により北九州市が事務の管理・執行をする「事務の代替執行」（地方自治法第252条の16の2）とする2つの制度を併用するスキームを採用している。

（11）大牟田市・荒尾市（図表64、図表65）

①概要

大牟田市、荒尾市は、ともに三池炭鉱の町として発展し、公営水道に先駆けて炭鉱専用水道（社水）が普及、一般家庭まで給水している状況があったことから、市水との水道一元化という共通の課題を抱えていた。

図表64　大牟田市・荒尾市事業概要

（大牟田市）　　（荒尾市）

現在給水人口（人）	115,902	現在給水人口（人）	52,008
事業区分	末端給水事業	事業区分	末端給水事業
事業開始	1921.8.1	事業開始	1957.4.1
職員数（人）	45	職員数（人）	13
営業収益（百万円）	2,504	営業収益（百万円）	742

出典：総務省「2014年度地方公営企業年鑑」

両市は県境をまたいでいるものの、以前から生活圏・経済圏、水環境等の地理的条件が同じであることから、スケールメリットを最大限生かすことを目的に、2012年4月に共同浄水場を建設し運営を開始した。

②特徴

両市は、浄水場を所有·運営しておらず、浄水場の建設および維持管理を経験した技術者もいないため、民間のノウハウ・オペレーションを最大限活用するためにDBO方式（第4章参照）を選択した。単独で各市が浄水場を設置した場合と比べ、約16%の建設コスト削減および9.7%のVFM[1]が達成できたとされる。

また、熊本県の有明工業用水道が有する菊池川水利権の一部を転用することで、新規水利権を取得し、水道一元化による給水量増加等に対応している。

図表65　位置図および事業スキーム

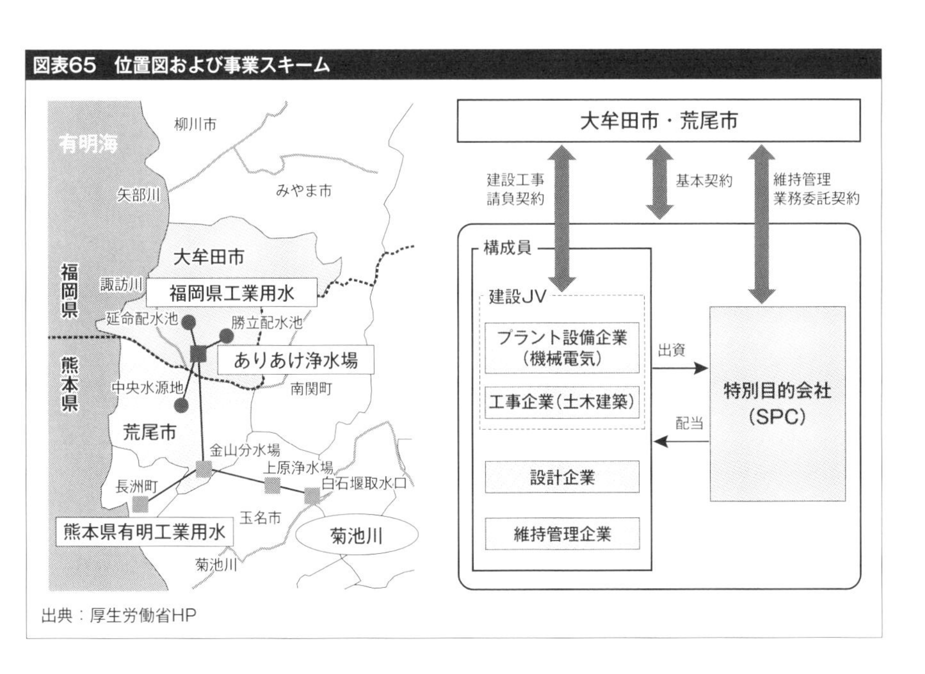

出典：厚生労働省HP

1：VFM（Value For Money）　支払いに対して、もっとも価値の高いサービスを供給する考え方。また、同時に同一サービスをより少ない金額で提供するという財政負担軽減の意味合いもあり、ここでは後者を指す。

本件は、官民連携（PPP）の事例であると同時に、施設の共同設置および管理の一元化により官官連携・広域連携を実現した事例でもある。

（12）かすみがうら市・阿見町（図表66、図表67）

①概要

シェアードサービス[2]による官民連携（PPP）の事例として、茨城県かすみがうら市と阿見町が、上下水道料金等収納業務において共同で同じ事業者（第一環境㈱）に事務委託を行ったケースが挙げられる。

事務の共同「委託」ではなく共同「発注」である点（共同で業者の選定を行うものの、契約は個別にする）が特徴であり、「できるところができることから始めた広域連携の事例」と言える。

周辺5市町村の水道関連業務を受託していた同社がセンターを開設し、集約・効率化を図れば委託料の削減が可能との提案を受け、5市町村で勉強会を開始し、最終的にかすみがうら市と阿見町が共同発注を決定した。2015年4月から業務を開始している。

図表66　かすみがうら市・阿見町事業概要

（かすみがうら市）　（阿見町）

現在給水人口（人）	40,607	現在給水人口（人）	40,679
事業区分	末端給水事業	事業区分	末端給水事業
事業開始	2005.3.28	事業開始	1964.10.1
職員数（人）	8	職員数（人）	4
営業収益（百万円）	918	営業収益（百万円）	928

出典：総務省「2014年度地方公営企業年鑑」

2：一般に、グループ内の人事・経理・総務といった間接業務やサービスを1カ所に集約させ、標準化してコスト削減や効率化を図る経営手法

②特徴

かすみがうら市は料金徴収を、阿見町は浄水場の管理など広範囲の業務を民間に委託している。本件は料金徴収業務のみを委託する業者を選定したものである。

かすみがうら市では900万円／年、阿見町では720万円／年のコスト削減に繋がったとされる。

シェアードサービスは、周辺の地方公共団体と共通化できる業務があれば採用し得る手法である。また、小規模な地方公共団体で民間企業の参入の経済的メリットが少ない場合は、スケールメリットの確保により民間参入を促すことが可能であるとされる。ただし、近隣の地方公共団体の業務を同一企業が受託する等、何らかの共通の素地は必要である。

図表67　位置図および事業スキーム

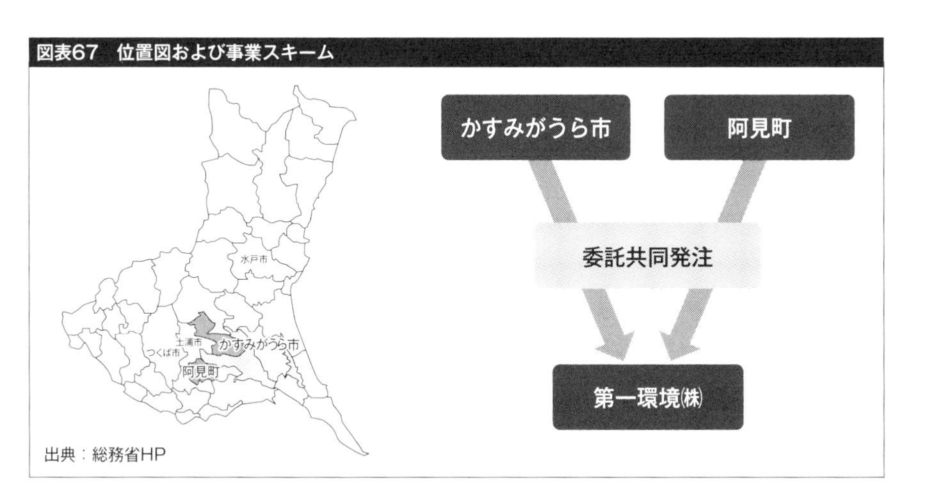

出典：総務省HP

6 広域化等へ取り組む公営事業者の経営の特徴

前項で見てきた、広域化等へ取り組む公営事業者の経営上の特徴は以下の通り整理される（図表68）。

図表68　広域化等へ取り組む公営事業者の経営の特徴

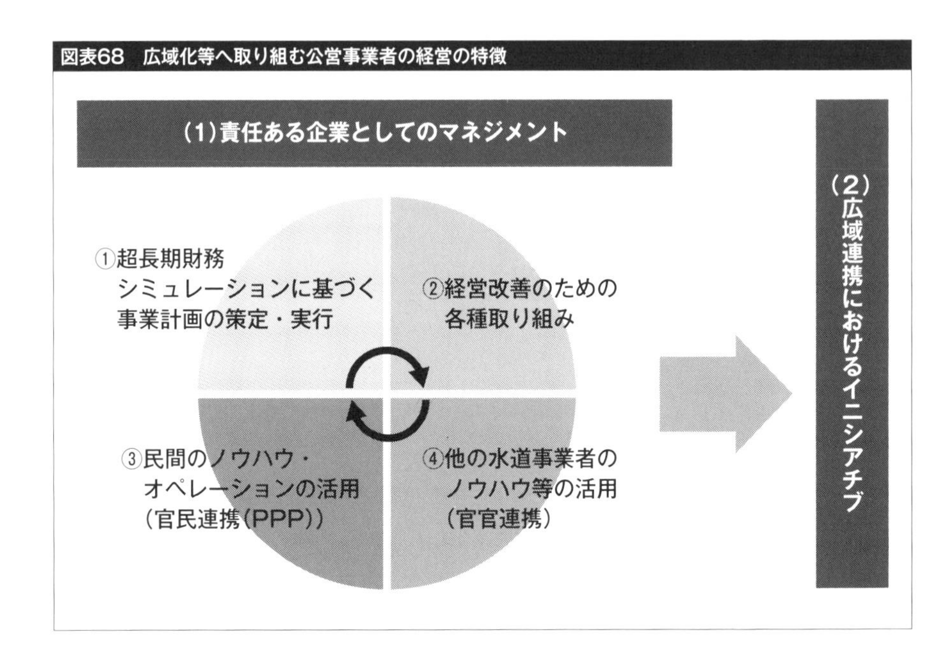

（1）責任ある企業としてのマネジメント

①超長期財務シミュレーションに基づく経営計画の策定・実行

広域化・広域連携というドラスティックな経営改革に取り組んだ事業者は、適切なアセットマネジメントを実施した上で、単独経営を続けた場合と広域化を実現した場合の超長期にわたる財務シミュレーションを実施している。

現在と将来の経営状況を見える化し、将来における経営の危機的状況を認識、関係者間の共有を図った上で経営計画（広域化）を策定し実行に移している（図表69）。

（事例）

岩手中部水道企業団は、30年間の財務シミュレーションに基づき、2014年4月に2市1町1企業団で事業統合を計画・実現したケースである。

シミュレーションに基づき、広域化した場合はそれぞれが単独で経営を続けた場合と比べて、①供給単価、給水費用とももっとも低廉に抑えられること、②事業者間の水の融通等による設備のダウンサイジングが図られること、③安定水源の確保やバックアップ体制の整備等により安全・安心な水道供給体制の構築が可能であること等の結論を導き出し、検討開始より12年かけて事業統合を実現した。

また、統合前の計画にとらわれず統合後も計画の見直しを継続的に行っている。建設費の上昇や想定以上の水需要の減少を受け、事業統合時の看板施策だった統合浄水場建設の中止を決定した他、広域ループ管のルート変更など、大規模な計画見直しを短期間で実現しており、より効率的な水道事業経営を実施すべく継続的な取り組みを行っている。

秩父広域市町村圏組合は、50年間の財務シミュレーションに基づき1市2町1組合での事業統合を計画・実現した。

当事例におけるシミュレーションでも、いずれの事業でも統合した場合の方

図表69　責任ある企業としてのマネジメント①

（特徴1）超長期財務シミュレーションに基づく経営計画の策定・実行

（事例）

岩手中部水道企業団	・30年の超長期シミュレーションの策定・実施 ・統合後の大規模な計画見直し・実行
秩父広域市町村圏組合	・50年の超長期シミュレーションの策定・実施
香川県	・県内一水道に向け30年のシミュレーションの策定

が単独経営の場合より供給単価を抑制できる結果となっている。

また、2011年に策定された「秩父広域水道圏広域的水道整備計画」においては統合浄水場新設が計画されていたが、シミュレーションの結果、事業費が多額になる試算が出たこともあり実現には至らなかった。代わりに配水池を整備する計画に転換すること等により事業の効率化を実現している。

当組合においても、シミュレーションについては定期的に見直しをするとしており、さらなる経営の効率化をめざしている。

県内一水道をめざして、2018年度から企業団としての事業開始を計画する香川県も、約30年間の長期シミュレーションを実施し、広域化したケースは、単独経営を続けたケースよりも供給単価の上昇を抑えることができる、との結果となった。

なお、香川県は、事業者間の公平性を確保するために統合後10年間を格差是正期間と位置付けて事業者ごとに個別に経理を実施する計画である（区分経理）。格差是正期間が経過した後に、一体経理を実施し、水道料金を統一する予定である。

いずれの事例でも、単独経営を続けるケースより広域化したケースの方が供給単価の上昇をはるかに抑えることができるとのシミュレーション結果となっている。しかし、広域化を達成したからといってすべての経営課題が解決されるわけではない。

ここで紹介した事業者も、広域化が最終ゴールではないことを踏まえ、統合後も財務シミュレーションおよび経営計画の見直しを実施している。

②経営改善に向けた持続的取り組み

広域化や広域連携等に取り組んでいる事業者は、早い時期から事業の持続可能性に危機感を持ち、経営改善や事業基盤強化のための施策に取り組んできたと言える。

しかし、現状に満足することなく施設のダウンサイジングや資金調達・運用の効率化、発注の適正化等を図ることにより、コスト削減、収益機会の拡大などさらなる経営改善のための取り組みを進めている（図表70）。

（事例）

岩手中部水道企業団は、統合前は各事業体がそれぞれの行政区域の水源や権利水量の中で給配水をマネジメントせざるを得なかった。しかし、広域化により1つの事業体となったことで、水源や権利水量の融通が可能となった。安定水源の有効活用や安全面で懸念のある水源の廃止等に加え、給配水ルートの最適化を図ることで施設のダウンサイジングを実現している。

また、元金償還据え置き期間の廃止や留保資金の積極的運用、運用期間の見直しなどにより資金調達・運用の効率化を実施し、支払利息の軽減と受取利息の増加を実現している。当該取り組みは地方公共団体金融機構の地方公共団体ファイナンス賞を受賞している。

大阪広域水道企業団は、維持管理業務において、応札者が限定されるプラント設備工事は、民間企業に業務を発注する際にBM発注という方式を採用し、建設と維持管理の一括発注により費用を削減している。

図表70　責任ある企業としてのマネジメント②

（特徴2）経営改善に向けた持続的取り組み

（事例）

岩手中部水道企業団	・権利水量の融通や配水の見直しによる設備のダウンサイジングの実施 ・資金運用の強化（ファイナンス賞）
大阪広域水道企業団	・発注の適正な管理（BM発注）
北九州市	・周辺事業者との広域連携 ・地元企業等と連携した海外ビジネス展開

なお、設計は、企業団のノウハウ・技術力を生かして自前で行っている。

北九州市は、北部福岡緊急連絡管の維持用水や当市が有する水道事業運営に関する高いノウハウ・技術力を生かし、周辺事業者への用水供給事業や事業統合、事務の代替執行の受託など、積極的に広域連携を推進している。

加えて、地元企業等とも連携を図りつつ、ベトナムやカンボジアをはじめ、積極的に海外で水道事業の展開（ビジネス化）を図っている。

このように、持続可能な経営体制を確保するため、技術力やノウハウを生かしつつ人材を最大限活用し、さまざまな経営努力を継続している事業者もある。我が国の水道事業者は、これら先進事業者の取り組みを参考に持続的な経営体制の構築に努める必要がある。

③民間のノウハウ・オペレーションの活用（官民連携）

民間企業は分野ごとに多様な技術・ノウハウを有している。これら民間のノウハウ・オペレーション能力を活用することが、水道事業経営の効率化・経営改善に繋がる（図表71）。

（事例）

群馬東部水道企業団は、2017年4月より、企業団が51％、民間コンソーシア

図表71　責任ある企業としてのマネジメント③

（特徴3）民間のノウハウ・オペレーションの活用（官民連携（PPP））

（事例）

群馬東部水道企業団	・官民出資会社を活用した水道事業の包括的委託
大牟田市・荒尾市	・DBO方式を活用した共同浄水場の整備
シェアードサービス	・料金等収納業務の共同発注（かすみがうら市、阿見町）

ムが49%出資する官民共同出資会社に、拡張工事（4条予算の執行）を含めた水道事業の包括的な運営委託を行っている（期間8年）。

すべての業務を民間企業に委託した場合、官側のノウハウの維持、技術の承継が困難となるため、職員の派遣が可能となる共同出資会社スキームを選択している。

官民共同出資会社は、①企業団との連携や地域経済発展への貢献、②公益性を確保しつつ民間の技術・ノウハウを生かした効率的事業運営、③行政区域にとらわれず周辺地域からの業務受託を通じた管理の一元化によるさらなる広域事業形態の模索、の3つを事業方針とする。

大牟田市・荒尾市は、県は異なるものの、以前から共通する生活圏・経済圏や水源環境等の地理的条件を有する地域である。そのため、広域連携によるスケールメリットを活用することを目的に、共同でありあけ浄水場を建設した（2012年4月供用開始）。

両市は浄水場を所有･運営しておらず、浄水場の建設および維持管理を経験した技術者もいないため、民間のノウハウ・オペレーションを最大限活用するためにDBO方式を選択した。

官民連携（PPP）の事例であると同時に、施設の共同設置および管理の一元化により官官連携・広域連携を実現した事例でもある。

また、**茨城県かすみがうら市と阿見町**が、上下水道料金等収納業務において共同で同じ事業者に事務委託を行った、シェアードサービスによる官民連携（PPP）の事例がある。

事務の共同「委託」ではなく共同「発注」である点（共同で業者の選定を行うものの、契約は個別にする）が特徴であり、「できるところができることから始めた広域連携の事例」と言える。

④他の公営水道事業者のノウハウ・オペレーションの活用（官官連携）

我が国の水道事業者の中には、比較的規模の大きな事業者を中心に、長期に及ぶ事業運営の実績と技術力に基づき、高いノウハウやオペレーション能力を有する事業者も存在する。

これらの中には、そのノウハウやオペレーション能力を生かし、他の水道事業者の経営や事業運営をサポートする事業者もある（図表72）。

（事例）

北九州市は、宗像地区事務組合から包括的な業務を受託（水道法上の「第三者委託」および地方自治法上の「事務の代替執行」）し、実施にあたっては、市内企業や北九州市の外郭団体である㈱北九州ウォーターサービスを活用した広域連携を進めている。

北九州市への事務の代替執行により、宗像地区事務組合における水道事業の技術の継承が可能となる他、コスト削減など多くのメリットが認められる。

一方、北九州市にとっても、①中核都市としての責務を果たすことによる技術力のアピール、②当市職員の技術力向上・技術継承への寄与、③当市の組織力やシステムを有効に活用することによる一定の収益確保、といった特徴を有する事案である。

図表72　責任ある企業としてのマネジメント④

（特徴4）他の水道事業者のノウハウ・オペレーションの活用（官官連携）

（事例）

北九州市	・事務の代替執行および官民共同出資会社を活用した宗像地区事務組合との広域連携
大阪広域水道企業団	・市町からの業務受託（私法上の委託）
横浜ウォーター㈱（横浜市）	・官100%出資会社による官側アドバイザリー業務

大阪広域水道企業団は、用水供給エリアである河南町や藤井寺市、島本町等から、配水池の耐震化や浄水場の更新に係る実施設計・工事など個別業務の受託（私法上の委託）を実施している。

これは、大阪府域の水道事業体における老朽化施設の更新やベテラン職員の大量退職による技術継承問題などの課題に対応するため、企業団の人材や長年にわたり培ってきた高い技術力を活用して設計から発注、工事における一連の業務において技術的な支援を行っているものである。

横浜市では、2010年7月に横浜市100％出資の横浜ウォーター㈱を設立。横浜市からの受託にとどまらず、国内外でアドバイザリー業務等ビジネスを展開している。

海外分野におけるコンサルタント業務、横浜市100％出資の強みを生かした地方公共団体の立場に立ったアドバイザリー、地方公共団体間連携力、官民連携を進める際の官側支援などに強みがある。

民間事業者に包括的に委託を発注する際の導入から管理までの支援が可能であるなど、官側に寄り添ったアドバイザリー業務を提供している。

例えば、宮城県山元町や岩手県矢巾町、茨城県坂東市、神奈川県座間市、埼玉県秩父広域市町村圏組合など複数の地方公共団体からアドバイザリー業務を受託している。また、横浜市と横浜ウォーター㈱、岩手県矢巾町の三者間で包括的連携協定を締結するなど新たな広域連携も進めている。

官民連携が叫ばれている中、官民連携（PPP）を活用する際に官側（発注者）が適切なモニタリングを実施していくことは重要であり、その点においても当社が有する経験やノウハウ、中立的なアドバイス力が期待されている。

（2）広域化・広域連携におけるイニシアチブ（さらなる広域化）

都道府県や地域の中核的な水道事業者がイニシアチブを発揮し、さらなる広域化・広域連携を実現している事例がある（図表73）。

（事例）

八戸圏域水道企業団は、1986年4月、八戸市を中核に11市町村（現在は合併して八戸市・三戸町・五戸町・階上町・南部町・六戸町・おいらせ町の7市町）の事業を統合した末端給水型事業体である。設立から30年を迎えており、水道事業における広域化・広域連携の先駆けとなった事例である。

2008年には、当企業団と青森県南11市町村と岩手県北9市町村が県境を越えて北奥羽地区水道事業協議会を設立した。

本事案は「できることから広域化」をしようと、施設・水質データ管理・施設管理・システムの共同化に取り組んでいる。

超長期で見たときに地域の水道を維持していくためには広域連携が必要との観点から、広域連携を進めている事案である。

北九州市は、①水源の共同開発に取り組んだ近隣市町村に対して暫定措置として行っていた分水に対して、事業統合や用水供給への切り替えを実施したケース（芦屋町、水巻町、岡垣町、香春町）、②暫定的に原水を分水しているケース（田川地区水道企業団）、③災害対策として進められた北部福岡緊急連

図表73　広域化・広域連携におけるイニシアチブ（さらなる広域化）

広域連携におけるイニシアチブ（さらなる広域化・広域連携）

（事例）

八戸圏域水道企業団	・県域を越えた広域連携 ・事業統合等のモデル事業体
北九州市	・事業統合、事務の代替執行、用水供給等による広域連携
香川県	・県内一水道に向けた事業統合の検討
兵庫県	・県が主導した広域化・広域連携の検討
千葉県	・県主導による経営の一体化を活用した広域化の検討

絡管の維持用水を活用して用水供給事業を開始したケース（古賀市、新宮町、宗像地区事務組合）、④水道法上の「第三者委託」および地方自治法上の「事務の代替執行」による受託（宗像地区事務組合）、の大きく4つに分類される多様な広域連携を推進している。

香川県は、対岸の岡山県玉野市から用水供給を受けている直島町を除く8市8町と県で県内一水道に向けた広域化の検討を進めている。

2015年4月に地方自治法に基づく法定協議会（「香川県広域水道事業体設立準備協議会」）を設立し、2018年4月からの広域水道事業体（企業団）による事業開始をめざし、検討を進めている。

兵庫県は、県が調整役を果たし兵庫県内の水道事業のあり方について検討・議論を進めている。

現在、「兵庫県水道事業のあり方懇話会」において議論が進められており、2016年度は中間報告書を作成し、地域ごとにめざすべき水道事業の方向性と方策を示し、2017年度には地域別協議会を設けて圏域ごとに地域課題に即した具体的な方策を検討する予定である。

千葉県は、用水供給を県が行うことを基本とし、統合のリーディングケースとして県営水道と2つの用水供給事業体の水平統合を検討しており、第1ステップで経営統合（経営主体は県に変わるが事業（会計）は別々）、第2ステップで事業統合（事業（会計）を一本化）と段階的に統合を進めることを想定している。

並行して、当該地域の末端給水事業体の統合の検討も市町村が主体となり進められている。

広域化を先行させた事業者および県の中には、さらなる広域化・広域連携に向け各種取り組みを進めている事業者もある。これら広域化先進地域や県のイニシアチブを生かし、広域化・広域連携を進めていく必要がある。

第4章

課題への対応②：官民連携（PPP/PFI）

1 官民連携（PPP/PFI）活用の変遷

我が国の水道事業の民間への業務委託は、夜間や休日の浄水場運転管理、メーター検針、料金徴収等の水道事業者（地方公共団体）の補助的業務から始まった。しかし、基幹業務である浄水場の運転管理を民間へ業務委託する地方公共団体が現れたことから、厚生省（現厚生労働省）は1980年の都道府県担当者会議で安易な民間への業務委託を行わないよう指導を行っている。ただし、実際には2001年に民間委託が制度化されるまでの約20年の間に現場では民間委託が拡大していった。

その後、PFI法[3]の施行（1999年）、水道法改正に伴う水道事業の第三者委託の制度化（2001年）、指定管理者制度の導入（2003年）、PFI法改正によるコンセッション方式[4]の導入（2011年）等により、制度面で官民連携手法を活用できる法的枠組みが整備されてきた。

3：民間資金等の活用による公共施設等の整備等の促進に関する法律（1999年7月30日法律第117号）
公共施設等の設計、建設、維持管理および運営に、民間の資金とノウハウを活用し、公共サービスの提供を民間主導で行うことで、効率的かつ効果的な公共サービスの提供を図るために設けられた。

4：施設の所有権を移転せずに民間事業者にインフラの事業運営に関する権利を長期間にわたって付与する方式。2011年6月のPFI法改正では「公共施設等運営権」として規定された。

2 主な官民連携手法の概要

（1）従来型業務委託（個別委託、包括委託）

従来型業務委託とは、民間事業者に対する水道法適用外の業務の委託であり、対象となる業務は、定型的な業務（メーター検針業務、窓口・受付業務等）、民間事業者の専門知識や技能を必要とする業務（設計、水質検査、電気機械設備の保守点検業務等）、付随的な業務（清掃、警備等）などがある。

1業務のみ委託を行う場合を個別委託（限定的委託）、複数業務の委託を行う場合を包括委託という（図表74）。

図表74　従来型業務委託・第三者委託

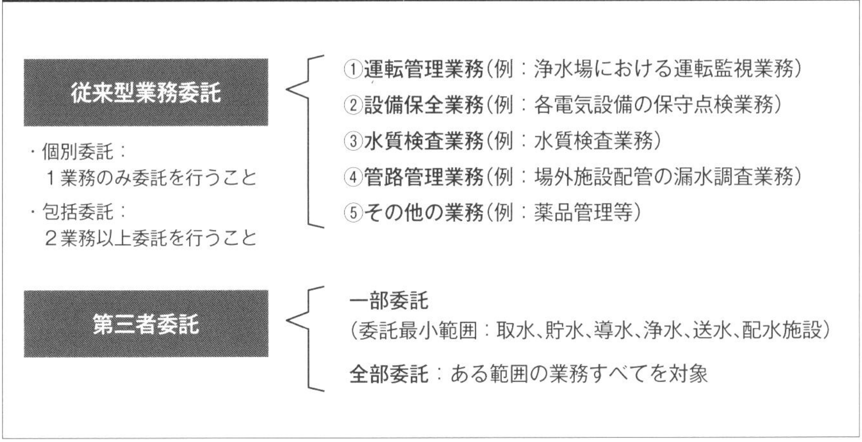

従来型業務委託

・個別委託：
　1業務のみ委託を行うこと
・包括委託：
　2業務以上委託を行うこと

①運転管理業務（例：浄水場における運転監視業務）
②設備保全業務（例：各電気設備の保守点検業務）
③水質検査業務（例：水質検査業務）
④管路管理業務（例：場外施設配管の漏水調査業務）
⑤その他の業務（例：薬品管理等）

第三者委託

一部委託
（委託最小範囲：取水、貯水、導水、浄水、送水、配水施設）
全部委託：ある範囲の業務すべてを対象

（2）第三者委託

第三者委託とは、水道法第24条の3により2001年に創設された制度で、水道事業における技術的業務（浄水場の運転管理業務など）を、民間事業者や他の水道事業者等第三者に水道法上の責任も含め一括して委託する方式である。契約期間は複数年（3～5年）となることが多い。

対象となる業務は、技術的業務に限定され、料金徴収業務や窓口・受付業務等は対象とならない。

第三者委託の活用例は年々増加しており、2015年3月現在、太田市、会津若松市、石狩市等121の水道事業で実施されている。

（3）指定管理者制度

地方自治法に定める「公の施設」について、地方公共団体から指定を受けた指定管理者が管理を代行する制度で、地方自治法改正（第224条の2）により2003年9月に施行された。

2003年9月の改正地方自治法施行前は、「公の施設」の管理業務の委託先が公共団体および地方公共団体の出資法人に限定されていたが、改正により地方公共団体が出資しない民間事業者、NPO法人（特定非営利法人）、地域団体等も議会の議決を得れば指定管理者となり得ることになった。

料金の収受の方法により「代行制」（指定管理者が利用料金を取らない方式で、公の施設の利用に係る料金は地方公共団体が収受する方式）と「利用料金制」（指定管理者が地方公共団体の承認を得て利用料金を設定し収受する方式）の2つの方式がある。

対象となる事業は、水道事業者等が所有する水道施設の管理に関する業務となる。

なお、第三者委託、DBO、PFI、コンセッションの各官民連携手法を活用する際に、指定管理者制度を併せて導入することも可能である。

指定管理者制度を活用した第三者委託を実施した例としては、㈱高山管設備グループ、㈱水みらい広島がある。

（4）DBO（設計［Design］・建設［Build］・運営［Operate］）

DBOとは、公共が調達した施設整備費を活用して、民間事業者が施設の設計、建設、運転、維持管理、修繕等の業務を一括して受託し包括的に実施する手法である。契約期間は10～30年の長期にわたる。

資金調達、施設の所有は公共が行う（図表75）。一般入札などで用いられる仕様発注とは異なり、性能発注が行われるため、民間事業者の自由な提案が可能となり「民間の創意工夫の発揮」が実現されやすい。

法的根拠は、民法上の請負契約となり、PFI法に準じた手続きを行うことも多い。

DBOの活用事例としては、紫波町、松山市、大牟田市・荒尾市、佐世保市の施設整備および運転管理業務がある。

図表75　第三者委託・DBO・PFIにおける民間の関与

	資金調達	設計	建設	所有	運営
第三者委託					
DBO	※1				※2
PFI				※3	

※1：DBOプロジェクトにおいて、資金調達は公共が行う
※2：運営は民間の実施が中心であるが、施設によっては官が運営を行う
※3：PFIプロジェクトにおける所有権の帰属、移転時期は方式によって異なる

（5）PFI（Private Finance Initiative）

PFIとは、民間事業者の資金、経営能力および技術的能力を活用して、施設の設計、建設、維持管理、運営等を行う手法である（図表76）。一定の支払いに対し、もっとも価値の高いサービスを提供するというVFMの考え方を原則とする。

1992年にイギリスで導入された手法であり、我が国では1999年9月のPFI法施行により導入された。

施設の所有形態による分類（BTO[5]方式、BOT[6]方式、BOO[7]方式）の他、対価の支払い形態により、サービス購入型、混合型、独立採算型に分類される。

図表76　PFIのスキーム図

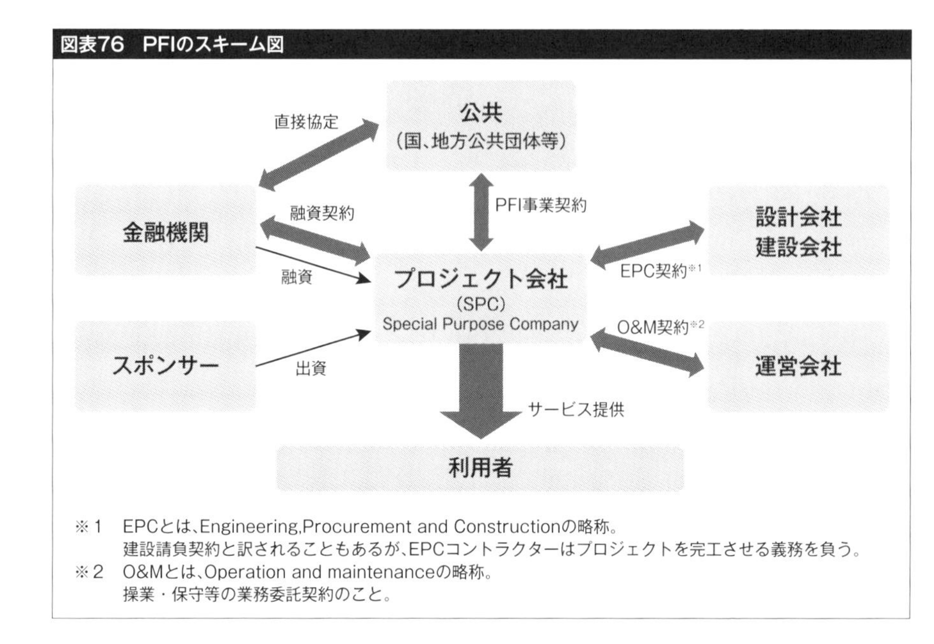

※1　EPCとは、Engineering,Procurement and Constructionの略称。
建設請負契約と訳されることもあるが、EPCコントラクターはプロジェクトを完工させる義務を負う。
※2　O&Mとは、Operation and maintenanceの略称。
操業・保守等の業務委託契約のこと。

我が国においてPFIが活用されている事例は、すべて公共が民間事業者に一定のサービス対価を支払うサービス購入型（図表77）となっている。

PFIでは、一括発注・性能発注・長期契約を通じた民間ノウハウの活用により、施設の効果的かつ効率的な整備・維持管理等が期待できる。

一方、留意点としては、「個別施設（浄水場等）」の整備・維持管理等へ適用するケースが中心となるため、事業全体の運営等へ民間ノウハウを活用することには繋がりにくいということが挙げられる。

これまでの主な活用事例は以下の通りである（図表78）。

5：BTO（Build Transfer Operate）　民間事業者が公共施設等を設計・建設し、施設完成直後に公共側に施設の所有権を移転し、民間事業者が維持管理・運営等を行う方式

6：BOT（Build Operate Transfer）　民間事業者が公共施設等を設計・建設し、維持管理・運営等を行い、事業終了後に公共側に施設の所有権を移転する方式

7：BOO（Build Own Operate）　民間事業者が公共施設等を設計・建設し、維持管理・運営等を行い、事業終了時点で施設等を解体・撤去するなど公共側への施設の所有権移転がない方式

図表77　対価の支払い形態によるPFIの分類

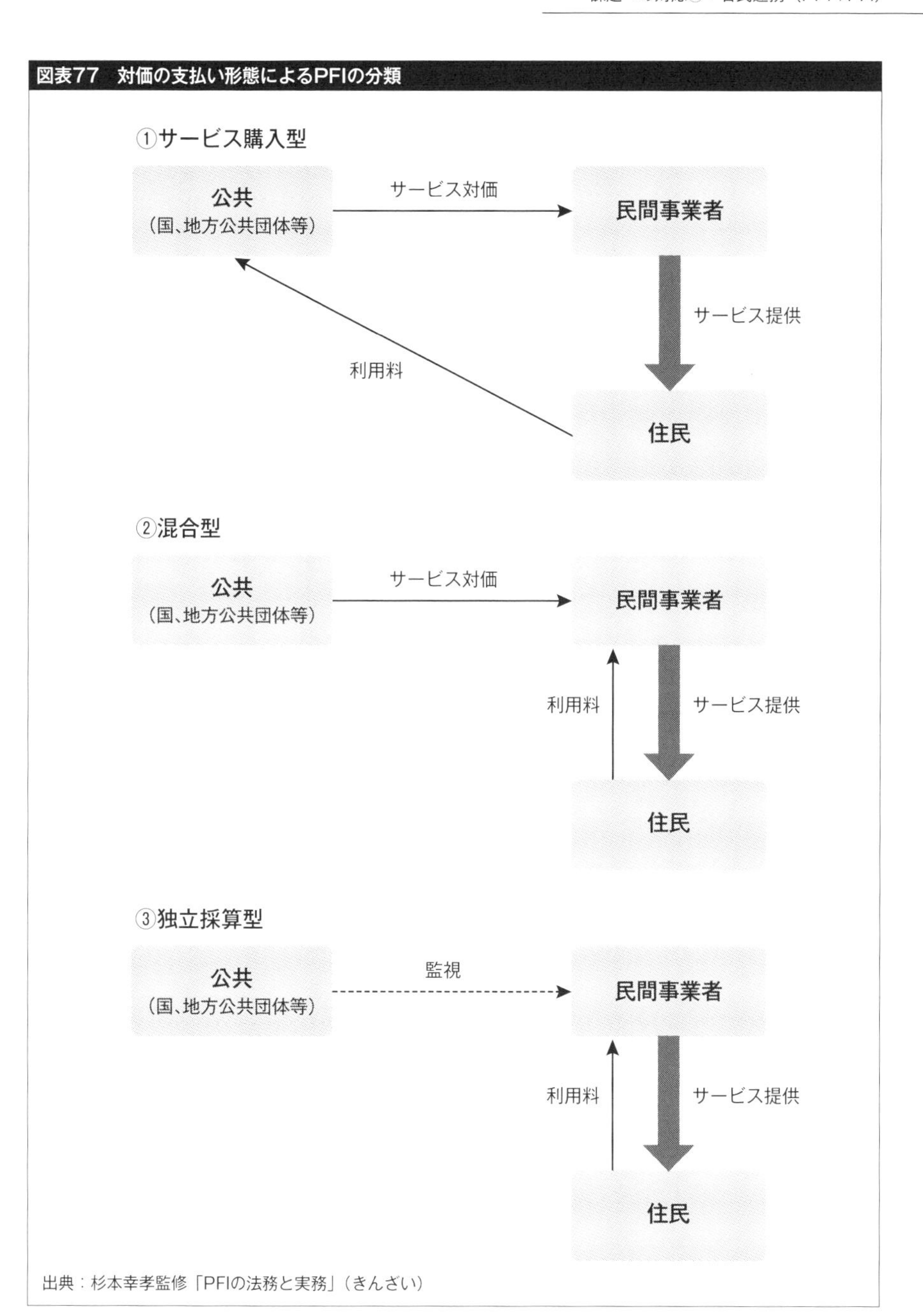

出典：杉本幸孝監修「PFIの法務と実務」（きんざい）

図表78　水道事業におけるPFI導入事例

事業体	東京都水道局	東京都水道局	神奈川県企業庁	埼玉県企業局	千葉県水道局	愛知県企業庁
対象浄水場	金町浄水場	朝霞・三園浄水場	寒川浄水場	大久保浄水場	ちば野菊の里浄水場	知多浄水場他
主な事業内容	電力および蒸気供給	電力および蒸気供給	脱水ケーキの再生利用	電源供給	発生土の有効利用	脱水ケーキの再生利用
事業類型	サービス購入型	サービス購入型	サービス購入型	サービス購入型	サービス購入型	サービス購入型
事業方式	BOO	BOO	BTO	BTO	BTO	BTO
契約締結日	1999.10.18	2001.10.18	2003.12.19	2004.12.24	2005.3.25	2006.2.22
運用期間	20年間	20年間	20年間	20年間	20年間	20年間
運用開始	2000年	2004年	2006年	2008年	2007年	2006年
契約金額	253億円	539億円	150億円	242億円	89億円	53億円

事業体	横浜市水道局	千葉県水道局	愛知県企業庁	夕張市	岡崎市水道局	愛知県企業庁
対象浄水場	川井浄水場	北総浄水場	豊田浄水場他	旭町浄水場他	男川浄水場	犬山浄水場他
主な事業内容	膜ろ過施設	排水処理施設	脱水処理施設等	新浄水場建設	新浄水場建設	排水処理施設の整備
事業類型	サービス購入型	サービス購入型	サービス購入型	サービス購入型	サービス購入型	サービス購入型
事業方式	BTO	BTO	BTO	BTO	BTM	BTO
契約締結日	2009.2.27	2010.3.19	2011.3.8	2012.3.19	2013.1.31	2014.12.25
運用期間	20年間	20年間	20年間	20年間	15年間	20年間
運用開始	2014年	2011年	2011年4月	2012年	2018年	2017年
契約金額	265億円	76億円	138億円	48億円	110億円	89億円

出典：首相官邸 第2回産業競争力会議フォローアップ分科会資料を基に日本政策投資銀行作成

(6) コンセッション（公共施設等運営権）

コンセッションとは、利用料金徴収を伴う公共施設について、所有権を公共に残したまま、公共施設の運営を民間事業者が行う事業方式である。PFIの1類型で、2011年9月のPFI法改正法施行により導入された（図表79）。

当方式により、民間サイドは、公物管理法の適用対象となる多くの既存インフラ事業等において、長期にわたり自らのノウハウを活用して、更新投資マネジメントを含む公共施設運営という新たなビジネス展開が可能となる。また、公共サイドは、施設所有等の形で自らの関与を確保しつつ、民間ノウハウ導入による効果的・効率的な公共施設運営が可能となる他、民間へのマーケットリスク・事業リスク移転や、運営権売却により獲得する対価の有効活用が可能となる（注：事業採算により対価が得られないケースもある）。

水道事業においてコンセッションを活用するにあたっては、これまでは運営権者（民間の担い手）が認可を取得して水道法上の水道事業者となる必要があり、これが官民ともに1つの大きなハードルとなって、活用機運が高まっていなかった側面もあった。しかしながら、現在検討が進められている水道法改正（2017年3月閣議決定済み）により、今後は地方公共団体が水道事業者のままで、コンセッションを活用することが可能となる見通しとなっている。

水道事業における活用事例はまだないものの、政府の「PPP/PFI推進アクションプラン」において、水道は空港・道路等とともにコンセッションの重点取り組み分野として位置付けられており、現在のところ大阪市・宮城県・浜松

図表79　コンセッションのスキーム図

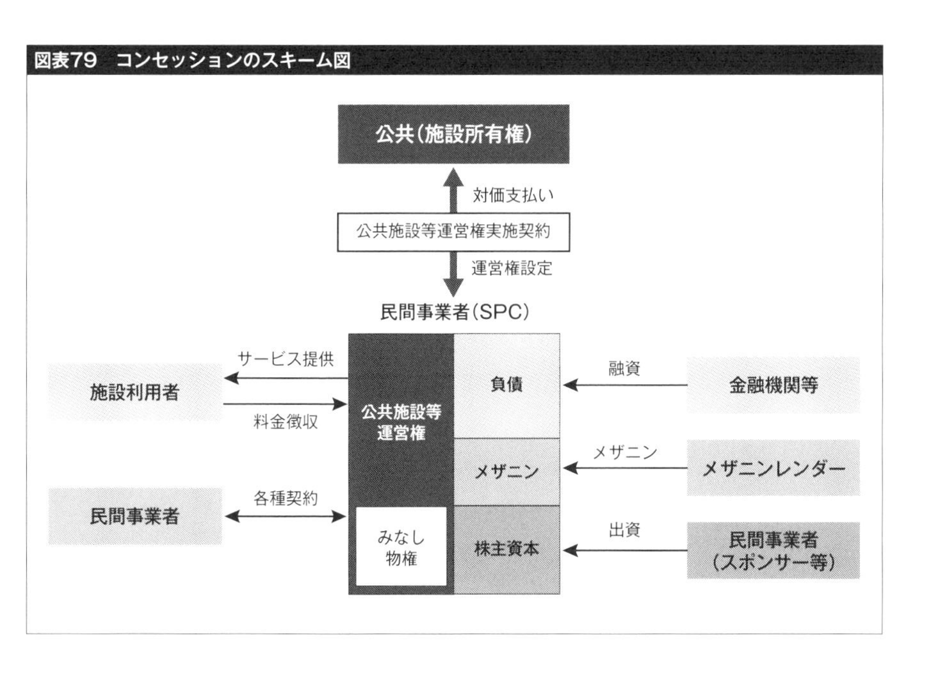

市等において取り組みが検討されている（図表80）。

なお、主な官民連携手法の特徴等について、図表81に整理した。水道事業を巡る厳しい経営環境を踏まえれば、今後はこれまでに実績のある短期的な

図表80 「PPP/PFIアクションプラン」

改定のポイント

・推進のための施策として、新たに「公的不動産における官民連携の推進」を明記
・平成28年度のフォローアップにより具体的施策をブラッシュアップ（優先的検討の更なる推進等）
・空港をはじめとした従来のコンセッション事業等の重点分野にクルーズ船向け旅客ターミナル施設及びMICE施設を追加

改定版概要

PPP/PFI推進のための施策

コンセッション事業の推進	実効性のある優先的検討の推進	地域のPPP/PFI力の強化
○コンセッション事業の具体化のため、重点分野における目標の設定 ○独立採算型だけでなく、混合型事業の積極的な検討推進 **公的不動産における官民連携の推進** ○地域の価値や住民満足度の向上、新たな投資やビジネス機会の創出に繋げるための官民連携の推進 ・公園におけるPPP/PFI手法の拡充 ・遊休文教施設の利活用 ・公共施設等総合管理計画・固定資産台帳の整備 ・公表による民間事業者の参画を促す環境整備	○公共施設等総合管理計画・個別施設計画の策定・実行開始時期に当たる今後数年間において、国およびすべての地方公共団体で優先的検討規程の策定・運用が進むよう支援を実施 ・国および人口20万人以上の地方公共団体における的確な運用、優良事例の横展開の具体的推進 ・人口20万人以上の地方公共団体が速やかに策定完了するよう支援実施 ・地域の実情や運用状況を踏まえた人口20万人未満の地方公共団体への適用拡大	○インフラ分野での活用の裾野拡大 ○地域プラットフォームを通じた案件形成の推進 ・運用マニュアルの周知による形成の働きかけ ・広域的な地域プラットフォーム形成・運営の支援 ○民間提案の積極的活用 ・民間提案活用指針を平成29年度末までに策定 ・民間提案支援を平成29年度から実施 ○情報提供等の地方公共団体に対する支援 ・バンドリング・広域化、公的不動産利活用事業の優良事例の横展開、ワンストップ窓口の強化・周知 ○PFI推進機構の資金供給機能や案件形成のためのコンサルティング機能の積極的な活用

コンセッション事業等の重点分野	空港【6件達成】、水道【6件：～平成30年度】、下水道【6件：～平成29年度】 道路【1件達成】、文教施設【3件：～平成30年度】、公営住宅【6件：～平成30年度】 クルーズ船向け旅客ターミナル施設【3件：～平成31年度】、MICE施設【6件：～平成31年度】
事業規模目標	21兆円（平成25～34年度の10年間） （コンセッション事業7兆円、収益型事業5兆円（人口20万人以上の各地方公共団体で実施をめざす）、公的不動産利活用事業4兆円（人口20万人以上の各地方公共団体で2件程度の実施をめざす）、その他事業5兆円）
PDCAサイクル	毎年度のフォローアップと事業規模や施策の進捗状況の「見える化」、アクションプランの見直し

出典：「PPP/PFIアクションプラン」（2017年6月改定決定・公表）

維持管理包括委託等を一歩進め、民間ノウハウのさらなる活用を通じ、より長期にわたって更新投資の最適なプランニングやマネジメントを実行していく「進化した官民連携（コンセッション等）」の視点も一層重要となるものと考えられる。

図表81　水道事業における主な官民連携手法の整理

官 ← → 民

	従来型の一部業務委託	第三者委託/指定管理者制度等による包括的業務委託 根拠法［第三者委託-水道法 指定管理-地方自治法	PFI（サービス購入型）	コンセッション	（参考）完全民営化
計画・認可	官	官	官	（官/）民（適切な制度設計構築が必要）	民
維持管理・運営	民（委託範囲：部分的）	民（第三者委託：技術業務のみ/指定管理：包括的に可能）	民	民	民
更新投資	官	官	官	民	民
収入リスク	官	官	官	民	民
資金調達リスク	官	官	民（PFI対象の初期投資等部分）	民	民
資産所有	官	官	官（BTO方式の場合）	官（運営権は民間へ）	民
メリット	委託業務範囲が明確かつ手続きが容易	包括的な業務範囲を委託することにより、民間ノウハウ活用によるコスト削減等が期待	性能発注による民間ノウハウ活用により、個別施設の効果的・効率的整備等が期待	一定の公共関与の下、事業の多くを民間に委ね、民間ノウハウ活用による長期的視点での更新投資実施によるLCC最適化等が期待	事業のすべてを民間に委ね、さまざまな事業リスクが完全に民間に移転
留意点	基本的に仕様発注であり、民間ノウハウの活用余地が少ない	委託範囲が維持管理・運営までにとどまり、長期的視点での更新投資実施によるLCC最適化等の面で課題	財政負担を平準化・軽減しつつ個別施設整備等をするものが中心で、事業全体への民間ノウハウ活用になりにくい	活用事例がないため、具体のモデル検討事案に即して、適切な制度設計構築や官民リスク分担設定の必要	我が国で前例がなく、議会・住民合意や事業リスク精査の必要性、民間担い手不在等を踏まえると難易度高い

3 官民連携への具体的取り組み事例

前項までで見た通り、水道事業における官民連携手法は時代とともに多様化し、またそれらの活用事例は着実に広がりつつある。

ここでは、給水人口減少、巨額の維持更新投資、技術承継等、今後の水道事業を取り巻く厳しい経営環境の中で、民間ノウハウ活用等による長期・包括的視点での最適な維持更新投資実施や、それを通じた水道事業全体の効果的・効率的推進をめざしていくにあたって参考となる、いわば「進化した官民連携」事例として、以下の3点を紹介しておきたい。

<事例>

・神奈川県（箱根地区）：　包括委託（第三者委託等）

・荒尾市：　包括委託（第三者委託等）

・宮城県：　コンセッション検討事例

（1）神奈川県（箱根地区）（図表82、図表83、図表84）

①概要

神奈川県営水道事業のうち箱根地区は、主に箱根町北側の地区（仙石原、宮城野、強羅地区）を対象として1955年に給水開始しており、箱根町の全人口の約5割をカバーしている（他の地区は、町営水道が給水）。

神奈川県では、県営水道管轄エリアの中で唯一飛び地となっているこの箱根地区をモデルとして、民間企業に水道事業運営のノウハウを獲得させ、国内外での水道ビジネス展開を支援するべく、包括委託を実施している。

②特徴

上記背景の下、水道施設の運転・維持管理などの3条業務だけでなく、更新

図表82　箱根地区事業概要および位置図

対象地域	箱根町北部 （仙石原、宮城野、強羅、木賀、元箱根）
給水戸数	4,353戸 （2015.4.1現在）
給水人口	6,185人 （2015.4.1現在）
年間使用水量	2,342千㎥ （2014年度実績）

出典：神奈川県企業庁HPを基に日本政策投資銀行作成

箱根町全図
南足柄市
包括委託対象地域
芦ノ湖

出典：箱根水道パートナーズHP

図表83　事業スキーム

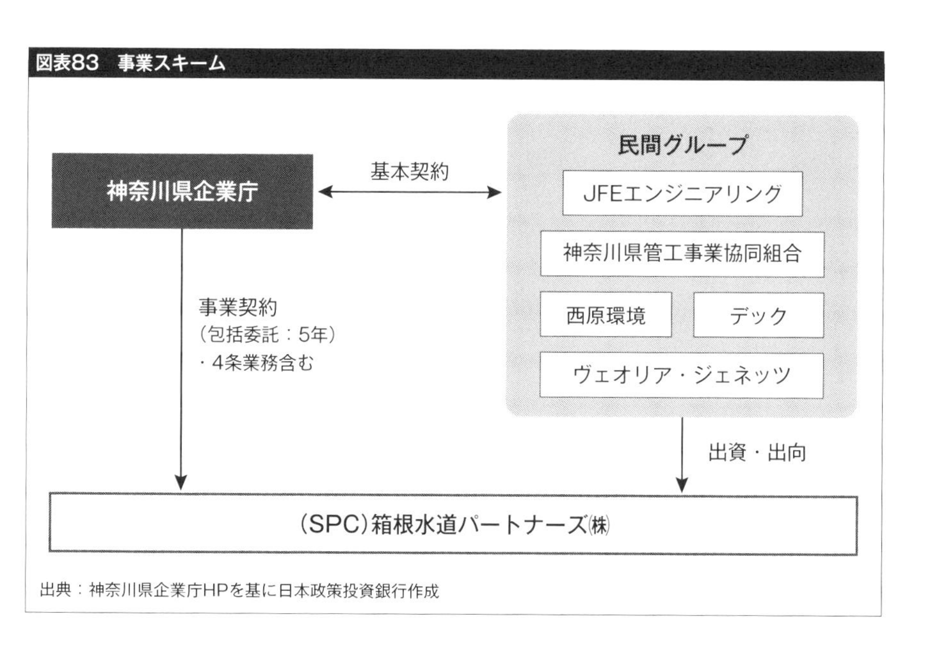

出典：神奈川県企業庁HPを基に日本政策投資銀行作成

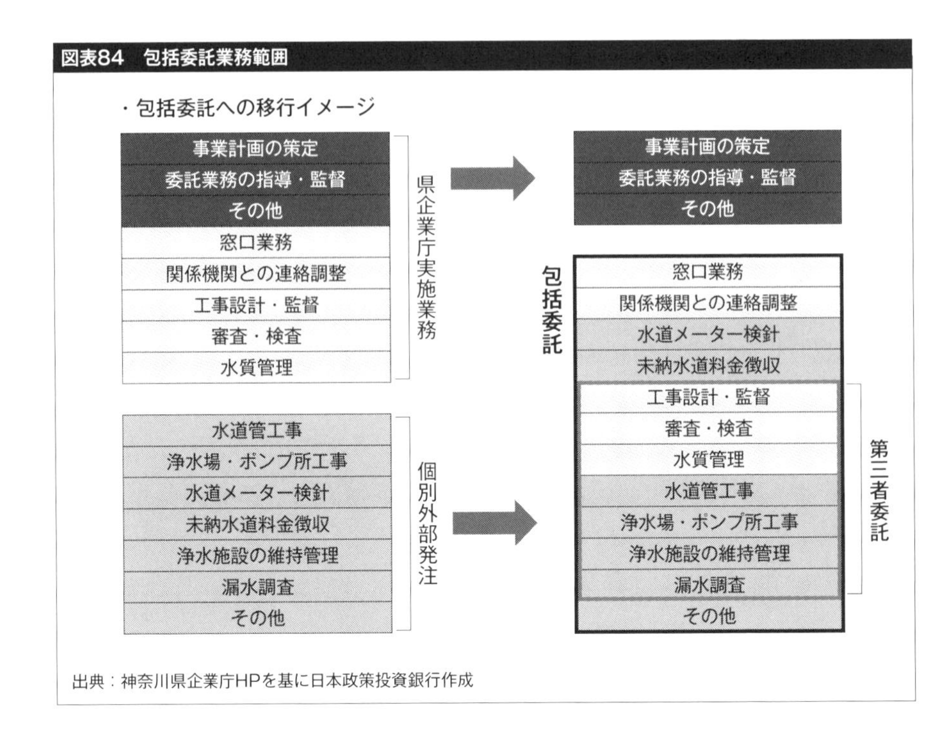

工事の発注などの4条業務を含め、取水から給水まで一貫して幅広い業務範囲を民間事業者へ包括委託している。

委託先は、JFEエンジニアリング㈱を代表企業とする箱根水道パートナーズ㈱で、委託期間は、2014年4月から5年間となっている。

本件事業を通じ、地域水道事業の長期的継続性維持や地域経済の活性化へ繋がることも期待されている。

（2）荒尾市（図表85、図表86、図表87）

①概要

荒尾市は、PFI法改正における「民間提案制度」を活用し、民間事業者に広範囲な業務の包括委託を実施している。

具体的には、長期計画策定やモニタリングなどの「経営・計画」業務、人事・財務・総務などの「管理」業務、「危機管理」業務などのいわゆるコア部分に当たる業務は引き続き市が担いつつ、それ以外のノンコア部分、準コア部分に当たる業務をすべて包括的に民間企業に委託している。

中小規模水道事業者の中には、すべての業務を直営で継続していくことが困難になりつつある事業者も多いことから、公共性を担保しつつ民間を最大限に

図表85　当市事業概要（再掲）

（荒尾市）

現在給水人口（人）	52,008
事業区分	末端給水事業
事業開始	1957.4.1
職員数（人）	13
営業収益（百万円）	742

出典：総務省「2014年度地方公営企業年鑑」

図表86　あらおウォーターサービス㈱の構成

・メタウォーター㈱（代表企業）
・荒尾市管工事協同組合
・㈱エース・ウォーター
・国際航業㈱
・㈱エヌ・ティ・ティ・データ

出典：荒尾市資料

活用する本モデル（「荒尾モデル」）は官民連携（PPP）の好事例と言える。

②特徴

人口減少、節水化による水需要減少等により厳しい事業経営が予想される中、荒尾市は水道事業の課題や官民連携のあり方について検討を重ねた。

その際、改正PFI法の「民間提案制度」に基づいたメタウォーター㈱からの提案を受け、同社を中心とするあらおウォーターサービス㈱に包括的な業務委託を実施することとなった。2016年4月から業務を開始し、受託期間は5年間となっている。

同社は、経営計画支援・管理支援業務を含めて受託する点が特徴である。具体的には、アセットマネジメント策定や水道ビジョンフォロー、次期水道ビジョン策定の他技術承継支援業務を受託している。

今後の課題としては、契約期間終了後の事業のあり方の検討が挙げられる。

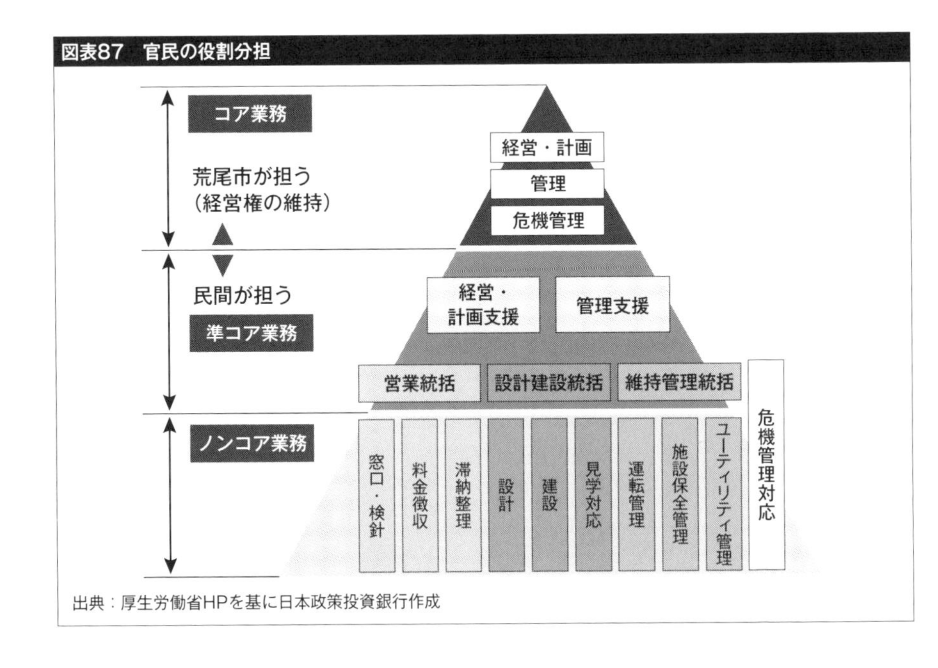

図表87　官民の役割分担

出典：厚生労働省HPを基に日本政策投資銀行作成

（3）宮城県（図表88、図表89）

①概要

宮城県企業局は、今後一層厳しくなる経営環境を踏まえ、経費削減や更新費用の抑制、技術継承、技術革新等への対応を可能とするべく、2020年度から、「民の力を最大限活用」した上水・工水・下水3事業一体による、新しい「みやぎ型管理運営方式」の導入をめざしている。

②特徴

（ア）官民連携

当方式においては、短期的、小規模・個別、部分・限定的となっている現状の委託方式や、従来の受委託の関係では、民の力が十分に活用できないことから、契約期間の長期化や維持管理部門の包括化に加え、官民が協働して水道事業を経営・運営する仕組みを構築することで、民による設備投資やマネジメン

図表88　上水・工水・下水の事業概要

項目		水道用水供給事業		工業用水道事業			流域下水道事業	
		大崎	仙南・仙塩	仙塩	仙台圏	仙台北部	仙塩	阿武隈川下流
		2事業		3事業			全体7事業中2事業	
施設能力（m³／日）		380,000		258,000			347,000	
実績水量（2015）（m³／日）		260,000（施設能力の68%）		82,000（施設能力の32%）			205,000（施設能力の55%）	
県内のシェア（2015）		26万m³／74万m³＝35%		—			—	
給水先／対象市町村		25市町村		66事業所			11市町	
経営（2015）	収益	150億円		14億円			31億円	
	純利益	50億円		7千万円			—	
委託方式／期間		一部外部委託 2015～2019（5カ年）		一部包括委託 2016～2019（4カ年）			指定管理 2014～2018（5カ年）	

出典：宮城県HP

トを含めた事業範囲の拡大効果と創意工夫の発現を期待している。

具体的には、国による新たな法制度設計を前提としてコンセッションの活用により、県企業局と民間事業者が協働で認可、料金収受、計画策定を担い、民間事業者はその他、日々の運営、運転・維持管理、電気、機械設備等の更新を担う一方で、企業局は管路更新、モニタリング、資産所有を行うなど、適切な役割・リスク分担を図ることを想定している。

図表89　みやぎ型管理運営方式の事業スキーム案

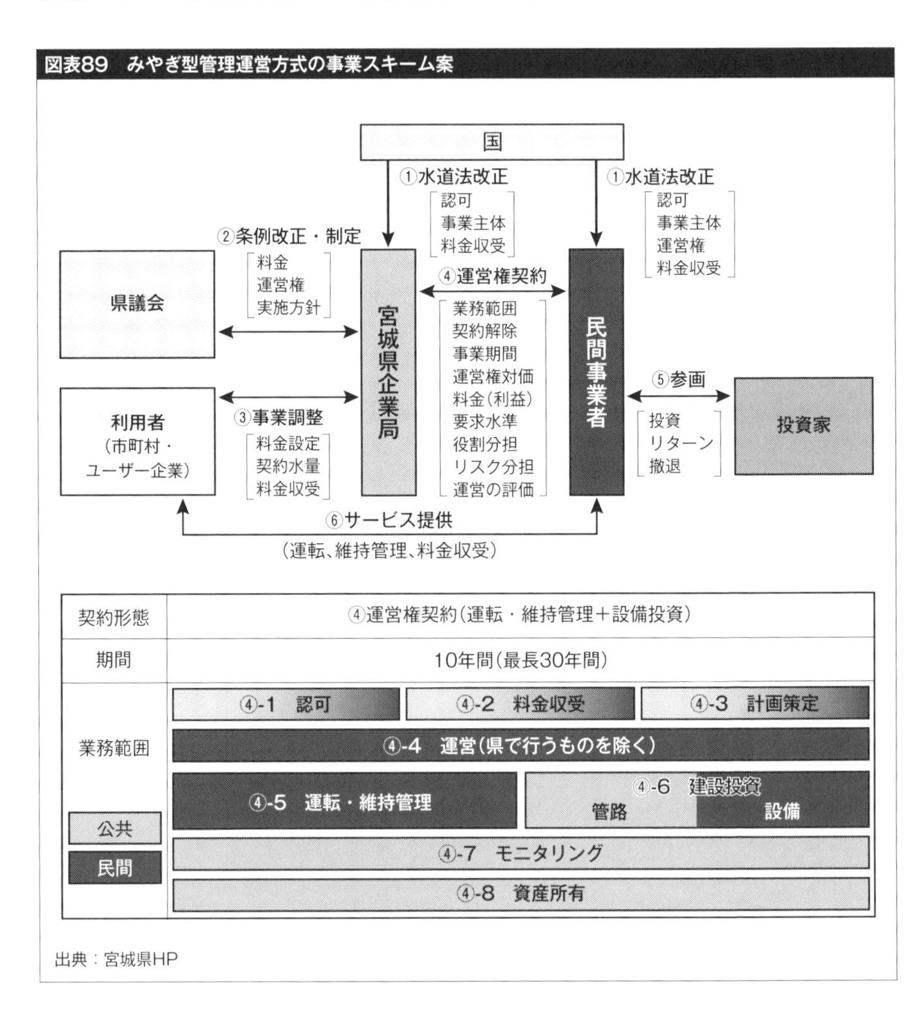

契約形態	④運営権契約(運転・維持管理+設備投資)		
期間	10年間(最長30年間)		
業務範囲	④-1　認可	④-2　料金収受	④-3　計画策定
	④-4　運営(県で行うものを除く)		
	④-5　運転・維持管理	④-6　建設投資　管路	設備
	④-7　モニタリング		
	④-8　資産所有		
公共 / 民間			

出典：宮城県HP

（イ）広域化・広域連携

周辺市町村においても、給水収益減少や更新需要の増加、技術者不足といった課題を抱えているため、将来的には「みやぎ型管理運営方式」に市町村水道事業を加えた「発展的広域化」も見据えている。

県企業局から全量受水している市町村は、水源から蛇口まで一元管理が可能となるため、まずは受水市町村を対象に検討を進める予定である。

第5章

英仏水道事業の概要等について

我が国の水道事業の課題解決へ向け、第3章・第4章で、広域化や官民連携の手法や事例について見てきたが、海外の水道事業における広域化や官民連携への取り組み状況はどのようなものであろうか。

DBJでは、2016年度に内閣府等との協働により、政府の「日本再興戦略2016」にも位置付けられる取り組みとして、「フランス・英国の水道分野における官民連携制度と事例の最新動向について」の調査・公表を実施したところである。

詳細は同レポートに譲るが、以下、官民連携先進国といわれる両国の取り組み状況等について概観しておくこととしたい。また、その上で、我が国の水道事業の海外展開の課題等についても併せて考察してみたい。

1 フランスの水道事業概要

フランスでは、一般に基礎自治体（＝全国に約36,000存在する「コミューン」）の規模が小さく行政基盤が脆弱で、古くから運河や橋梁等のインフラ整備なども民間事業者が行うケースが見られるなど、さまざまな分野で官民連携が発達してきた経緯がある。

水道事業においても、公共が供給責任を有した上で、複数のコミューンが組合等の形で規模の経済を確保しつつ、コンセッション（フランスでは一般に施設整備・運営・料金収受等の包括委託）やアフェルマージュ（一般に運営・料金収受等の包括委託）等の手法により維持管理・運営等を民間に委ねることが多くのケースで行われてきている（図表90）。

直近では、人口ベースで7割近くの水道事業（上水道事業）の運営を民間が担っており、また実際の担い手事業者は大手3社による寡占状態となっている

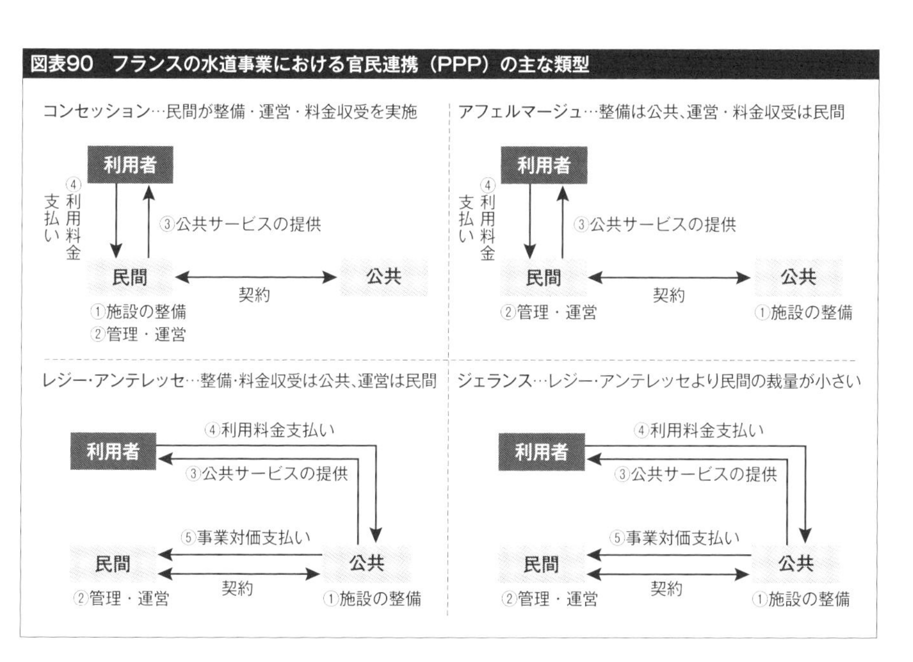

図表90 フランスの水道事業における官民連携（PPP）の主な類型

（図表91）。

古くから民間への包括委託が進んでいるとはいえ、公共には手放してはいけない責務があることや、一方で生産性向上や技術開発の面では民間ノウハウをフル活用すべきという認識が一貫して官民に根付いている。

また、近年においては、民間活用は継続しつつ担い手事業体への出資を民間から公共へ戻してガバナンス・モニタリングの強化を図ったり、更新投資が一段落した後は運営委託に特化する形で契約期間を大幅に短期化して寡占の中でも競争性確保に努めるなど、試行錯誤の中でさまざまな工夫が行われている。

フランスの取り組みは、おのおのの地方公共団体が供給責任をもちつつ、官民連携の積極活用を通じて広域化も実現している点および、適切な官民の役割・リスク分担や事業スキーム検討、公共によるガバナンス・モニタリング等の面において、我が国にとって参考となる点が多々あると言えよう。

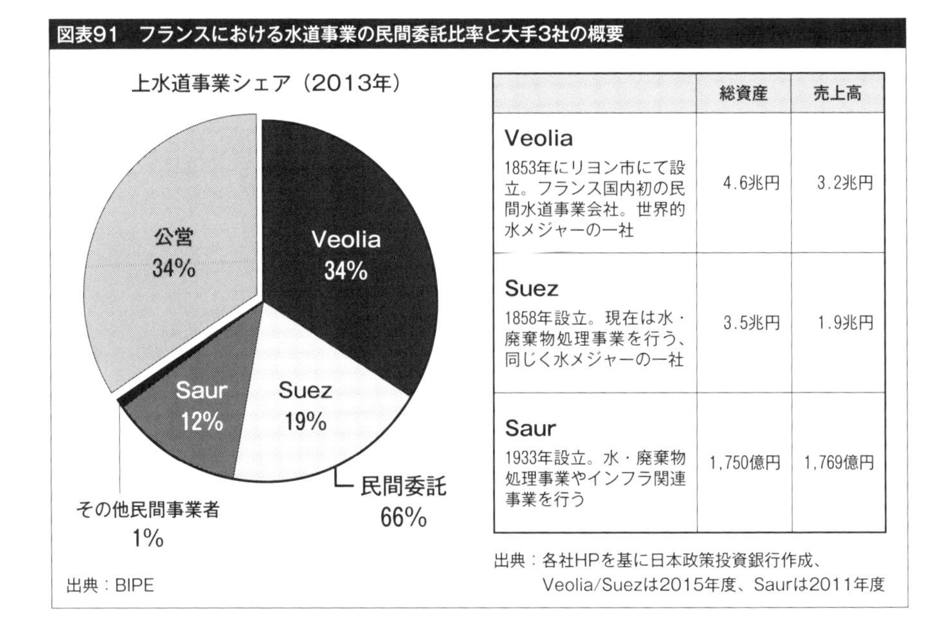

	総資産	売上高
Veolia 1853年にリヨン市にて設立。フランス国内初の民間水道事業会社。世界的水メジャーの一社	4.6兆円	3.2兆円
Suez 1858年設立。現在は水・廃棄物処理事業を行う、同じく水メジャーの一社	3.5兆円	1.9兆円
Saur 1933年設立。水・廃棄物処理事業やインフラ関連事業を行う	1,750億円	1,769億円

出典：各社HPを基に日本政策投資銀行作成、
Veolia/Suezは2015年度、Saurは2011年度

図表91　フランスにおける水道事業の民間委託比率と大手3社の概要

2 イギリスの水道事業概要(イングランド・ウェールズ)

イギリスでは、20世紀初頭には約2,000に及ぶ公営水道事業者が存在していたが、これがまず1973年に流域ごとの水管理公社へと強制力をもって統合され、その後、国家財政破綻を背景とする国営事業民営化の流れの中で、サッチャー政権下の1989年に民営化されるに至った（図表92）。

図表92 イギリスにおける水道事業の歴史

19世紀	産業革命に伴い、水需要が拡大
20世紀初	約2,000の水道事業者が存在
1945年	統合・中央集権化へ
1973年	流域単位で大きく10地域に再編され、「水管理公社」設立
1989年	水管理公社や水道会社の株式が売却され、民営化
現在	イングランド・ウェールズにおいて上下水道会社21社

出典：内閣府・日本政策投資銀行・㈱日本経済研究所（2016）

現在は、地域独占の水道会社11社と上下水道会社10社が存在し、それぞれライセンスに基づき事業を実施している（図表93）。また、公社化以降は、地方行政と水道事業は切り離され、地方公共団体の関与は基本的にないことから、我が国の電力事業に近いイメージとなっている。

民営化と言っても、水道事業の運営を完全に民間に委ねているわけではなく、民営化後に設置された3つの規制機関と消費者団体としての性格も有する国家機関によって、おのおのの観点から水道事業者に対するモニタリングが行われている（図表94）。

中でも、経済規制を担うOfwatは、金融・会計・法務・技術・経済・政策などの専門家約200名で構成され、ライセンス付与や料金規制、サービス水準のモニタリング等を実施する機関として、イギリス水道事業の枠組みを語る上で

図表93　イギリスにおける主な水道事業者

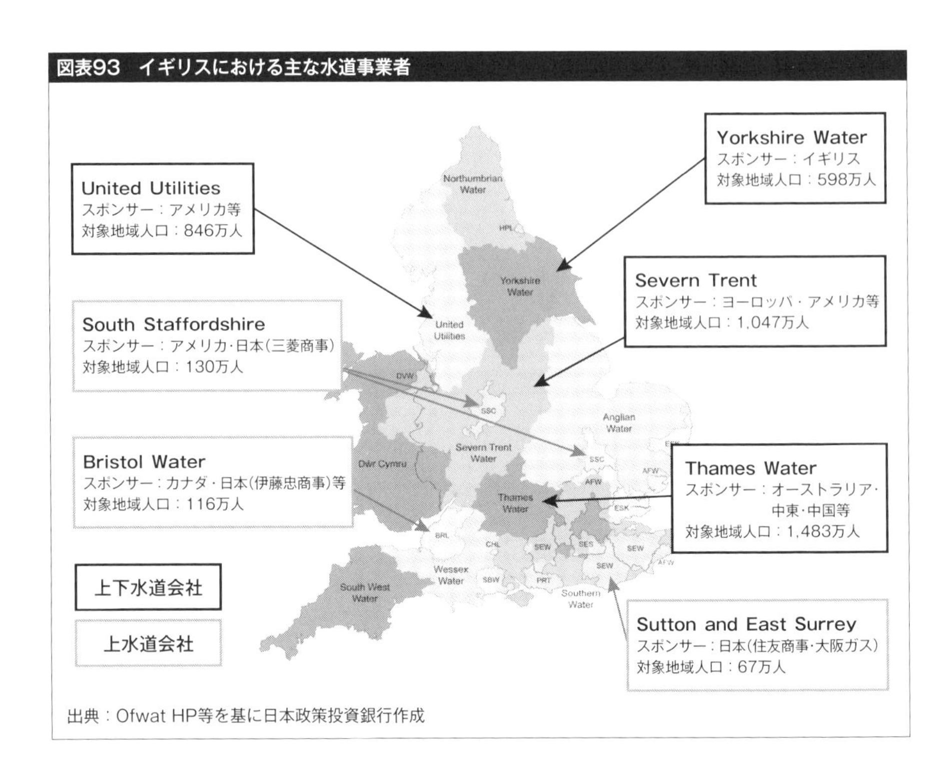

出典：Ofwat HP等を基に日本政策投資銀行作成

図表94　Ofwatをはじめとするイギリス水道事業の規制・モニタリング機関

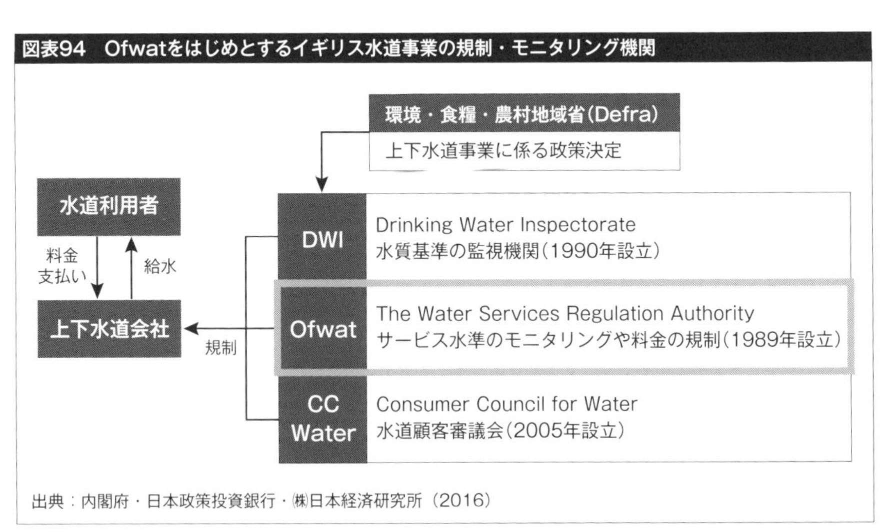

出典：内閣府・日本政策投資銀行・㈱日本経済研究所（2016）

欠かすことのできない存在である。特に、5年ごとに実施するPrice Review（PR）においては、各社の料金上限を設定するなどの大きな影響力を発揮している。

Ofwatによる PRでは、消費者の利益確保のため厳しい査定がなされるものの、効率的事業運営を前提として水道事業者や投資家が適正な利益を獲得する仕組みが確保されている。このため、透明性・信頼性あるプロセスとして関係者からの評価は総じて高く、外資を含む民間投資家の参入も進展しているところである。

以上の通り、フランスとイギリスにおける水道事業の枠組みはそれぞれ大きく異なるものの、共通点としては、①官民連携だけでなく広域化も着実に進められていること、②公共によるガバナンス・モニタリングの下で官民の適切な役割・リスク分担が図られていること、等を挙げることができよう。これらの点は、今後の我が国においても大いに参考にすべきものと考えられる。

3 フランス・イギリスにおける水道料金推移

なお、フランスおよびイギリスにおける過去の水道料金推移についても見ておきたい。

図表95にある通り、両国では、EUの環境規制対応や修繕・更新対応の結果、近年において水道料金は上昇してきている。

具体的には、フランスの水道料金は、1994年比で約1.7倍（2012年時点）、イギリスの水道料金は、1989年比で約1.4倍（2011年時点）となっている。

一方、我が国の水道料金は、ここ四半世紀の間、横ばいが続いている。ただし、我が国においても、第2章で見た通り、今後の給水人口減少や更新投資対応を踏まえると、将来的には誰が運営するにせよ値上げは不可避になってくるものと考えられる。

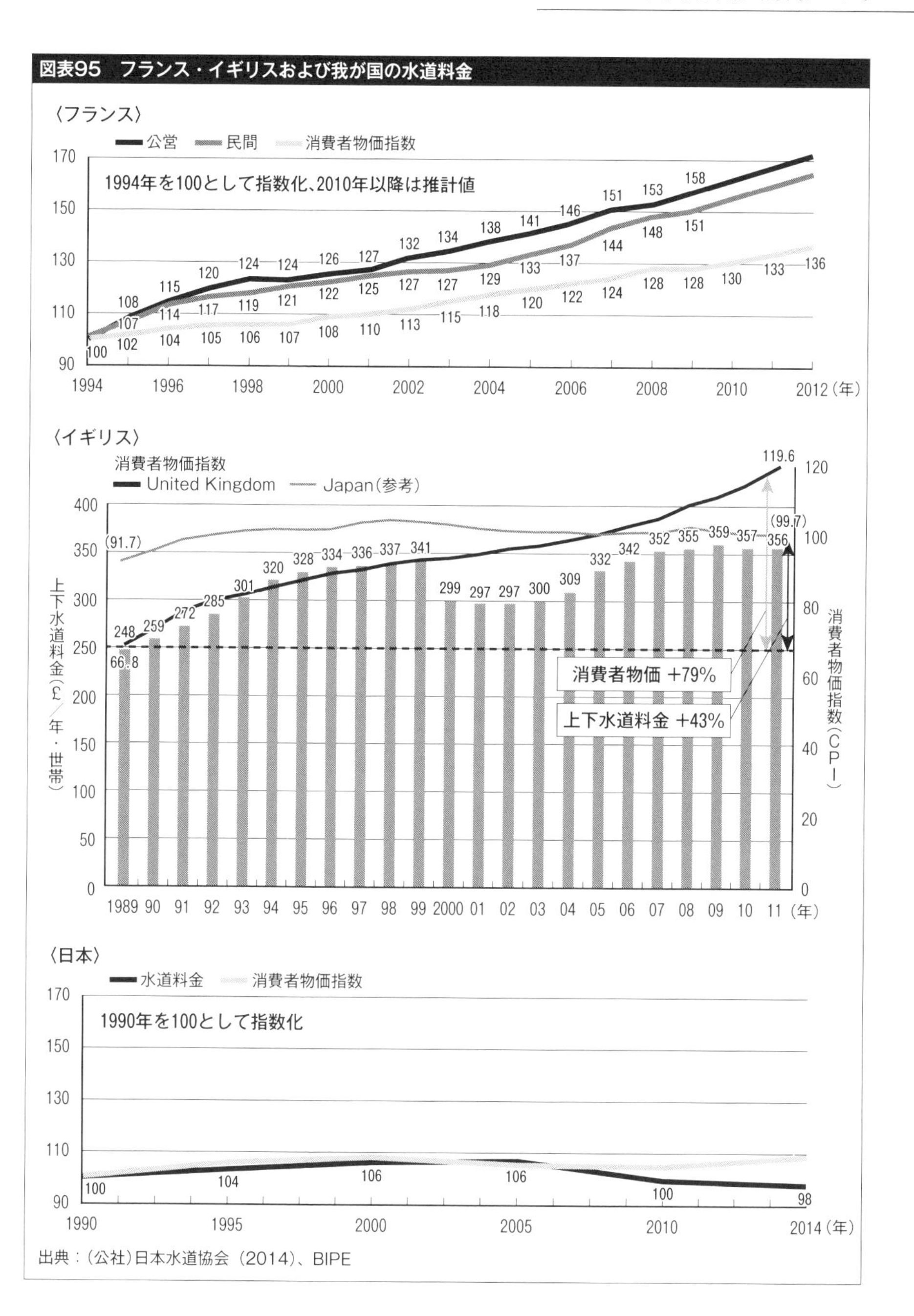
図表95 フランス・イギリスおよび我が国の水道料金
〈フランス〉
公営
民間
消費者物価指数
1994年を100として指数化、2010年以降は推計値
170
150
130
110
90
1994
1996
1998
2000
2002
2004
2006
2008
2010
2012（年）
100 108 115 120 124 124 126 127 132 134 138 141 146 151 153 158
107 114 117 119 121 122 125 127 127 129 133 137 144 148 151
102 104 105 106 107 108 110 113 115 118 120 122 124 128 128 130 133 136
〈イギリス〉
消費者物価指数
United Kingdom
Japan（参考）
400
350
300
250
200
150
100
50
0
上下水道料金（£／年・世帯）
120
100
80
60
40
20
0
消費者物価指数（CPI）
(91.7)
66.8
119.6
(99.7)
248 259 272 285 301 320 328 334 336 337 341 299 297 297 300 309 332 342 352 355 359 357 356
消費者物価 +79%
上下水道料金 +43%
1989 90 91 92 93 94 95 96 97 98 99 2000 01 02 03 04 05 06 07 08 09 10 11（年）
〈日本〉
水道料金
消費者物価指数
1990年を100として指数化
170
150
130
110
90
100 104 106 106 100 98
1990
1995
2000
2005
2010
2014（年）
出典：（公社）日本水道協会（2014）、BIPE

4 官民関係者から見たフランスの水道事業①

海外の地方公共団体では、実際にどのような思いやポリシーを持って水道事業の運営に当たっているのであろうか。

内閣府およびDBJでは、2016年10月に、「水道事業における民間活用とイノベーションに関するシンポジウム」を開催（図表96）し、リヨン市長のジェラール・コロン氏に「フランスの地方公共団体におけるPPP・コンセッション」と題して基調講演をいただいたところである。

以下、同氏の熱意溢れる取り組みと、フランスの官民連携に対する確固たる哲学が垣間見える講演録を紹介することとしたい。

図表96　シンポジウム開催概要

「水道事業における民間活用とイノベーションに関するシンポジウム」

- 開催日時：2016年10月6日（木）
- 会場　　：大手町フィナンシャルシティカンファレンスセンター 3階ホール
- 主催　　：内閣府、DBJ
- 後援　　：厚生労働省水道課、㈱民間資金等活用事業推進機構

＜ジェラール・コロン　リヨン市長　講演録＞

（はじめに）

内閣府木下審議官、日本政策投資銀行地下常務、ご臨席の皆さま、親愛なる友人の皆さま、本日は水道事業における官民連携のハイレベルなシンポジウムで講演できることを大変名誉に思っております。

リヨンと日本の間には、19世紀半ばに日本の港が外国に開かれた時代からの古い関係があり、横浜港が開港された時代からリヨンと日本は強い絆で結ばれ、数多くの分野で協力してまいりました。横浜市とリヨン市は姉妹都市協定を結んでおりますので、横浜市とはさらに進んでソリューションを共有し、経験を交換しております。

アジアでもヨーロッパでも、都市はしばしば同じ課題や挑戦に直面しており、互いに学び合うことは多く、私たちは今後も協力をしていくべきでしょう。こういった理由から、私は本日ここにいることを大変うれしく思っております。また、大都市の未来にとって極めて重要と思われる「水道事業」というテーマを採り上げておられるだけに、一層そう感じます。

（水道事業の重要性）

世界で「水」というのは重要な問題であります。歴史の中で、大都市は常に効率の良い導水路網・下水道網を整備する中で発展してまいりました。

私は、若い時にはラテン語とギリシア語の教師でしたので、例えばローマの歴史を知っているのですが、導水路網はローマ時代から既に官民連携の形で建設されていました。今日でもなお、水の事業は必要不可欠です。

現在は、水の供給を確保する必要もありますが、同時に、都市部における人口と産業の集中によってますます高まる汚染のリスクにも対処しなければなりません。

私の友人でもあるフランスのアカデミー会員のエリック・オルセナは、次のように書いています。

「水は、他と異なる商品であり、効率だけを考えて生産・供給すれば良いものではない。水は生命に欠かせないものである。したがって、為政者は常に水を支配するのだ」

私も同感です。水は宝物であり、あまりにも重要な資源であり、政府がそれに対する関心を失うことはあり得ません。したがって、私はリヨンにおいて常に地方公共団体が「水」（フランス語では、ブルーゴールド=「水色の金」とも言う）の管理に積極的な役割を担うことを望んできました。

（リヨン市における水道事業の官民連携について）

発表の細部に入る前に、フランスでは、地方公共団体・広域行政組織が水の生産、配水、下水処理の責務を担っていることをまず申し上げておきます。これらの任務を遂行するには、役所の職員が「直接管理するレジー（公営形式）」か、あるいは「全体もしくは一部の業務を民間に委託する方式」かを選択でき、現在ではフランスの3分の2の地方公共団体が民間委託方式を選んでいます。

リヨンのモデルは、歴史を通じてさまざまな管理形態を経験した点で興味深いものです。つまり、80年以上にわたって、公務員たちが配水あるいは下水処理等を行っていましたが、この間、人口は停滞したものの、非常に大きく近代化が行われました。配水網や中継所を設置し、導管を強化して近代的になりました。

1980年代は、新しい時代を告げるものでしたが、この時代はまた多くの計画が作成された時代です。リヨンの人口が大幅に増加することも見込まれていました。したがって、設備投資をし、新しい取水場を建設しなければなりませんでした。しかし、それにはコストが発生します。当時、債務や財政の危機が語られ始め、地方公共団体だけでは担うことができなかったので、民間に声をかけることが決定されたのです。

日本の議論も、時々は「難しい」かもしれませんが、何しろフランスでのことですから、こういった（民間に委託することの可否について）議論が起こるときは大変に複雑で厄介なものです。我々フランス人は、イデオロギー的な議論が大好きですから、水事業（における民間委託の可否）の問題というのは非常に困難な問題でありました。

しかし、最終的には1986年に契約が結ばれ、30年間、リヨン都市圏の水道事業を民間事業者に委託することになりました。

2001年にリヨン市長となった私は、この契約を受け継ぎ、経過を見て、成果があるということがわかりました。つまり、ある種の（市民や行政からの依頼等に対する）反応力もあり、ユーザーに対するサービスも良好でしたが、同時にその限界も見えました。徐々に公共事業体としてのサービス能力が失われているということ、そして、この契約をきちんと管理することが非常に難しくなっていたわけです。だからこそ、2010年代の初め、新しい管理形態を選択することが問題となった際、私は「公営の場合のメリット」、「民間に委託する場合のメリット」は何かを調べるように指示しました。

もちろん、直営に戻るという選択肢がありましたが、私は個人的には賛成しておりませんでした。なぜなら、この分野においては公共セクターより民間セクターの方がノウハウと柔軟性を持っており、そして現行のイノベーションに慣れ親しんでいるとも思ったのです。しかし、それでもこの問題は、きちんとした回答を得られるように担保すべく、検討いたしました。

その結果、配水網の複雑さから技術的に直営のレジー方式への回帰は難しく、また1,000万ユーロを超える移行コストが発生するために財政的にも高額という判断が下され、直営公営方式は排除され、民間セクターへの水事業の委託となりました。

（リヨン市での民間委託における仕様書上の条件）

私は、当初からそれが良い選択肢だと考えておりましたが、過去の過ちを繰り返さないため、いくつかの条件を付しました。先ほど引用したエリック・オルセナの言葉を借りれば、為政者が手綱を離してはならないということです。したがって、検討チームの人たちと極めて高い目標を掲げた仕様書を作成いたしました。これは現在、フランスやヨーロッパの多くの都市が参照するものとなっています。

私は、公共サービスを民間に委託するときは長期にわたる掘り下げた調査が必要だと思います。そして、きちんとした仕様書を作り、そこで双方の権利と義務を定義するべきだと思っています。

1点目の条件ですが、受託者に新しい水源を探す調査を要請しました。私たちの町の中に新しい水源を探してもらいたかったのです。確かに水道施設は質の高い配水を確保すべきですが、また将来をも見据えたものであらねばなりませんでした。現在のリヨンの水源はローヌ川だけで、もしローヌ川が汚染されれば大きな問題を引き起こします。したがって、水道事業を安全なものにするために、受託者にリヨンを横切る2つ目の川であるソーヌ川からも取水できないか調査するよう検討してもらうことにしました。

2点目は、長期的な観点というものです。我々は、常に水の供給に関して長期的な視野を持つということに心を砕いてきました。それは配水網についても同じであり、（今回の委託において）新しい受託者は、配水網、とりわけ導管に関して年間25％、投資を増加する（年間2,500万ユーロの投資から3,300万ユーロの投資に引き上げる）約束をしてくれました。さらに、私が水の主権と呼ぶものを保障するために、水道施設の主要な構成要素である大型配管は、これは直径150㎜以上のものでありますが、リヨン大都市圏（メトロポール）自身が直営で改修工事をすることになりました。その後は、受託業者が管理を行うことになっています。この混合方式によって、官民の「良いとこ取り」を実現できるはずであり、理論的には過去数年の有収率を、今後、技術的・経済的に最適なレベル・バランス・コストパフォーマンス等にすることができると思っております。

3点目としまして、経済悪化のあおりを受けたヨーロッパは随分景気の問題がありましたので、購買力が低下してしまった住民のために水道料金の引き下げをしたいと考えました。これまでリヨンの水は、フランスの中では比較的料金が高く、これが続いてはいけないということで、新しい契約では従量料金ベースで20%の引き下げ、それから25～35%の基本料金の引き下げを図りたいと考えました。結果、現在リヨンは水が安い地方公共団体の1つになって、我々のサービスは良いサービスとして認識されるようになったわけです。

4点目の選考基準は、イノベーションです。都市サービス、都市整備事業というのは、デジタル革命、ビッグデータ等によって大きな変化が急速に起こった分野でもあります。ご存知のように、スマートグリッド[8]にポテンシャルがあるということ、リアルタイムで電気使用量をモニタリングできて、再生エネルギーをエネルギーミックスに加えられるという時代が来ました。そして、素晴らしい変化が水道のスマートグリッドにもあり、将来にはリアルタイムで使用量をモニターできる可能性があるということです。そのことによりまして、人が現場に行かなくても漏水を探知することができます。さらに、このことによって人手がかかる作業を効率的に行え、サービスの質向上に繋がります。リヨンはこの技術革新の最先端にいたいと考えています。

そのために我々は受託者に対しまして、非常にプロアクティブに動いてほしい、スマート化を進めてほしいと求めています。（受託者である）Veoliaは、5,000万ユーロをこのスマート化に投資する約束をしてくれています。そして、新しい「Hublo」という初めての上水網の総合的探知システムを導入することができました。また、2018年までの間に1万個のスマートメーターをコネク

8：スマートグリッド（次世代送電網）は、電力の流れを供給側・需要側の両方から制御し、最適化できる送電網を指す。専用の機器やソフトウェアが、送電網の一部に組み込まれている。

テッドデバイスとして設置し、また5,500個の漏水探知センサーも設置する予定です。それ以外も、水の品質を管理するための数百個のセンサーを導入する予定です。これはまさにPPPによるメリットだと考えています。常にイノベーションが起こり、そしてリヨンを新しいスマートな上水道に関する制度を持っている都市にするということです。

（リヨン市での民間委託における契約上の条件）

最後に、この選考基準以外にも強調しておきたいことがございます。我々は、特に契約条件について検討いたしました。特にこの中から2つの点、「契約期間」と「契約後の原状回復義務」について条件を設けました。

まず期間についてお話しします。前回の契約は30年契約だったのですが、契約がこのように長いと競争原理がなかなか働かないということが、特にコスト・質の面でも言えることでした。そのため、我々は契約モデルを変えまして、契約期間をかなり短い8年に下げました。このことにより、（競争原理の）バランスが取れる状況が獲得できるようになりました。受託者も長い目で事業が行え、同時に健全な競争が促されます。つまり、それぞれの受託者が次の契約を獲得するためには、高い成果を上げ、かつ技術革新も行わなくてはいけないということを自覚するからです。それは、世界や欧州の最良の方式でなくてはならないし、オペレーターは常に新しい技術を導入し、我々を驚かせてくれなくてはいけません。

また、もう1点重要な条件は原状回復義務で、これは大きな鍵でした。つまり、システムを変えなくてはいけなくなるため、技術的な面で制限が起こり、これ以上は新しい変更ができなくなるという部分が出てきます。しかし、この原状回復義務を設けることによって、契約が終わったときにも新しい受託者にうまく委託できるようにと考えました。たとえこれが（公共が）直接に運営した場合であっても、（原状回復義務を課してスムーズに）変更できるようにしようと考えました。

原状回復義務を課すことによって、（事業者が複雑なシステムを構築して引き継ぎの難度が高まり実質的に競争性が排除されることなく）地方公共団体が（実態的に受託者を）決定する権限を持つことができますから、地方公共団体の代表、首長にとって「どのように公共がそれを管理し、指揮をしていくかということ」は非常に重要な点です。ただし、サービスは民間から提供してもらうというやり方になるわけで、技術的に受託者には施設についてさまざまな制限がかかってきます。しかし、これはやはり選択の自由と効率のためには仕方がないことだと考えています。

こうした規定があることによりまして、市内でも技術的なサービスを高能力に確保することができるようになりました。ですから、皆さま方の地方公共団体の中にも技術者を抱えておかなくてはいけません。民間企業の技術者と十分に対話ができる能力を持ち、受託者との関係をきちんと繋げる技術陣を持つ必要があります。また、地方公共団体側が契約を管理し、評価することが必要です。リヨン都市圏におきましては、このことによりまして、非常に能力の高い水道部門を確保しています。水道部門の職員というのは、リヨンの水道の学校と呼ばれ、世界で評価されている水道に関する一連の研修を全員受けており、力をつけているわけです。

水道の職員の能力が高いもう1つの理由は、常に我々の浄水場の監視を担当しているからです。このことによって、非常に強い力を持っています。これは、3.5億ユーロの投資が10年間で必要になりますが、この（巨額の投資をマネジメントする）ことによって、市の中に水道に関する技術を持ち続けることができるわけです。これは、PPP成功の鍵と言ってもいいでしょう。

官民の良いところを組み合わせつつも、パートナーシップの中で健全な競争力、競争意識を生むことができ、民間はさまざまな施設をたくさん作ることができます。これは、リヨンは水の供給と上水の未来を十分に担保する、官と民を組み合わせた賢い政策ではないかと思っております。

（官民連携モデルの広がりと可能性）

このような考え方、哲学をこうやってお話しすることによって、水道事業におきましてこの考え方を適用するだけでなく、他の分野にもこの考え方を使うことができるということを強調しておきたいと思います。例えば、ごみの収集でも同じことですし、それ以外にも、地域暖房、清掃面でも言えます。官民がそれぞれの役割を十分に果たすということが大切です。

また、都市計画についてもこの方式が適用できます。ご存知の方がいらっしゃると思いますが、リヨンのコンフュランス地区（河川と水辺空間で構成）の再整備について、この空間は元々広い荒れ地でしたが、ここに90万㎡の新しい地区を日本のNEDOの皆さま、東芝の皆さまとともに整備中です。

特に、HIKARIビルのプロジェクトというのは、ポジティブエネルギービルとして初めてのものです。このような例は、横浜でも同じように導入が進んで、いくつかのスマートグリッドの実証実験が行われています。こちらは、もっと大きな実証実験、あるいはもっと大きな地域を使っていますが、9階のビルの中に住宅、オフィス、商業施設が入っていまして、ポジティブエネルギーで電気を生産することができ、電気自動車を使ってカーシェアリングの仕組みも導入しております。これを、やはり官民のパートナーシップで行っております。つまり、官がまず全体の枠組みを決め、指揮を執り、民が実施していくというプロジェクトでございます。ヨーロッパでは、このモデルがお手本だと思われていまして、ヨーロッパ中の地方公共団体から見学者が来ております。

我々は、この入札によりまして、東芝とNEDOとともにこれ以外のウィーンとミュンヘンでもっとさらに進んだ同じようなスマート街区を作る仕事に参入することができました。コンフュランス地区が非常に象徴的な街区として捉えられて、これこそがPPPの成功例と言っても良いでしょう。

また、PPPのモデルを経済分野に応用しておりまして、グランドリヨンは非常に緊密な関係をとりながら、企業、団体、大学とともに、イノベーションが起こりやすいような経済環境を整えております。バイオテクノロジー、デジタル分野、クリーンテックの分野でイノベーションを起こそうとしております。

フランスではよく民営派と公営派の対立というのがございます。ただ、この2つに境目があってはいけない、裂け目があってはいけないと私は考えています。公共（政府）は推進力を与え、リヨンモデルと呼ばれているのですが、リヨンはヨーロッパでもっとも大きいPPPの分野の先進的な町となることができました。リヨンはヨーロッパの都市のランキングで25番目から、首都が入るようなリストの中の10位以内に入ったわけです。その背景としては、リヨンがさまざまなパートナーシップを官民の間で行うことができたからです。

（おわりに）

先程来お話がありましたように、民間のお金は非常にありがたいものですので、それを有効に使って、「てこの原理」を働かせなくてはいけないと思っています。公共のお金1ユーロに、7ユーロ、8ユーロの民間のお金を加えていくことによって、全体の金額を大きくしていくことができるわけで、これが大きな推進力になっていきます。

私は、皆さま方とともにこのモデルを共有したいと考えております。このパートナーシップモデルは、非常に効率の良いモデルです。世界の将来、特に大都市の将来は、このようなやり方でいくのではないかと考えております。もちろん、水の浄化、ごみ、町をきれいにしていく、さまざまなモビリティー、省エネ、気候変動に対する課題もございますが、このことによってさまざまな課題を乗り越えて、官民一体となって仕事をしていくことができると考えております。

＜質疑応答＞

（質問1）

リヨン市の水事業におきまして、もし契約上に規定されていないことで大変大きな費用負担が発生し、これが民間の負担ということになってしまって、その民間の企業は破綻するという状況があったとした場合、その状況において、リヨン市としてその費用を負担するのか、それとも民間の企業に負担をさせて企業が破綻するのを見守るのか、どちらの選択をされるのでしょうか。PPPの哲学として伺えますでしょうか。

（ジェラール・コロン　リヨン市長）

先ほど申し上げた仕様書というのは、極めて詳細に規定されております。つまり、我々の仕様書は、時には何千ページにもわたることがあり、できるだけのケースを想定するように、どのような状況にも応えられるようにしております。

先ほども申し上げましたが、明快に限界といったものも規定しております。公的な権力に関するものか、公的なセクトに属するものか、民間に属するものかということで、理論的にははっきりと境界があります。

ただ実際に、民間事業者にサービスを委託する場合は、やはり大手のグループに委託した方が良いと思います。大手のグループが受託者であれば、皆さんの期待に応えることができると思います。例えば、小さな空間だけを整備するということでしたら、その整備は中小企業に委ねることもできるでしょうが、大きな大都市圏、リヨンのような大都市圏の配水網を整備するとなると、大手グループに委託する方が良いわけです。今回は、Veoliaがパートナーとなっておりますが、Veoliaは世界的なメジャーであります。極端な状況、核戦争、そういったことでもない限り、Veoliaが破綻するということはないと思っております。極端なシナリオがあった場合は、契約・費用をどうするかということよりも、もっと大きな問題が先に来ると思います。ですから、PPPに関しては、明快な規定があればそんなにリスクはないと思います。

先ほどのご質問に対してもう少しお答えすると、PPPをすべてに関して適用しているわけではありません。

例えば、最近我々はサッカー競技場をリヨンで建設いたしました。フランスの多くの都市では、競技場をPPPのモデルでもって建設しておりますが、我々はPPPの方式はやめようと考えました。これは、フランスの法的なPPPという概念によりますと、サッカーチームの成果に結び付けられてしまい、そのサッカーチームがすごく強くてお金をもうけるかもしれませんが、地元のチームが負けてしまって損するかもしれないというリスクがあったためです。

我々としては、ここでの責任を明快に限定することにいたしました。つまり、地元のサッカーチームが、自分のクラブに関して4億5,000万ユーロの投資をする。しかし、路面電車や駐車場、アクセスする道路、これは2億ユーロでしたが、それは地方公共団体の方が作るということになりました。そうすれば、きちんとリスクが限定されます。我々は、リスクを冒すようなことには乗り出したくなかったのです。そういったことによって、地方公共団体が余計なリスクを冒すことはなく、常にテーマに応じてどのようなリスクがあるかということを十分検討しております。

（質問2）

講演の中で、水は効率だけを考えれば良いわけではない、「命の水」というキーワードがありました。我々が、今後水道のコンセッション、そういったものの検討を進めるときに、まさに「命の水」というところを気にされる議員さんや市民の方も多いと思います。そういった方々に何か納得させるような働きかけをされたのか、もしされたのであればどういう説明をされたのか、伺いたいのが1つ目です。

2つ目が、浄水場の監視を市の職員がやっていて、能力がしっかり維持できているというお話がありました。それ専用の職員をリヨン市の方で常に採用しているのか、それとも事業者の方に1回派遣のようなことをやって、現場経験を積ませて戻して、そういった監視に当たらせているのか、どちらなのか、それをお伺いしたいと思います。

（ジェラール・コロン　リヨン市長）

1つ目のご質問ですが、先ほど申し上げたように、例えば浄化された水を供給すること、安い水道料金で提供すること、これは短期的な課題です。

2番目の課題として、上水網が確実に配水できるものでなければいけない、漏水があってはいけないということです。水は貴重ですので、管路の管理と設備投資、高いレベルでの投資、またセンサーを付けて漏水があればすぐに探知できるようにしていること、こういうシステムを導入することによりまして無駄をなくすことができ、損失がなくなります。

3番目の課題は、安心・安全の問題です。取水場の安心・安全を保証すること、さまざまな水源から取れるようにしなくてはいけないということも安心・安全に関わっていると思います。1カ所の水源しかなければ、もし地下水が汚染した場合には水が汚れてしまう可能性があります。何かが混入したりする可能性があるわけです。これは大きな問題です。

2つ目のご質問につきましては、企業は自分たちの職員に責任をもっているということ、リヨン市の方は監視する立場にあるということです。高効率で質の高いサービスを提供しているかどうかを監視するわけで、我々の方にそういうセクションがあるわけです。どのぐらいの国でVeoliaが仕事をしているかどうかわかりませんが、他の同業者も、さまざまな国で公共都市サービスを提供していると思いますが、こういう民間企業は自分たちの職員を十分に研修する能力を持っています。

リヨン市では、Veoliaの研修センターがありまして、ここでVeoliaが職員の研修を行っています。フランスは非常に失業率が高いわけですが、仕事がなかなか見つからない人たちのためにここで研修を受けさせることができます。会社の人間の研修を行っているだけでなく、それ以外の求職中の人たちに対しても職が見つかるように研修を行うという社会的な役割も担っています。

（質問3）

日本でコンセッションを導入するときに、外の方が入札してくると地元の元々仕事を取っていた方の仕事がなくなるという懸念がされて、その辺で反対の声も出てきてしまう。そういったものに対して、どういった配慮とか対応をされているのか、お聞かせいただければと思います。

（ジェラール・コロン　リヨン市長）

地元の企業あるいは事業者の問題というのは、非常に複雑な問題であります。もし地方公共団体で地元の企業だけを対象にするとすれば、それ以外の地方公共団体でもやはり自分の地元の企業だけを対象にしたいということになります。そうすると、皆さんの地方公共団体の企業はその団体のテリトリーでしか事業ができなくなるかもしれません。もし皆さんの地方公共団体が大都市だったとしても、他に多くの都市圏があるとなりますと、その企業自体の発展の限界にもなります。

我々は次のように考えております。私たちの世界は比較的オープンな世界であり、経済はグローバルな経済となっております。したがって、我々の地域の中小企業のためには、「ローカルな」というよりも「小規模な事業」に関しての配慮をしています。

つまり、大きなプロジェクトでしたら、もちろん小さな企業は応札できないでしょう。しかし、細かい契約で多くの企業が応札できるような部門もあるわけです。ただ、地元の企業を優先するということだけは言えないと思います。

最近、フランスでも私たちの地域でもそういった地元企業を優先しろという議論はあります。この分野においては地元の企業だけを採用しろと、ある政治家が言ったのですが、すぐにフランスの他の地域の政治家たちが、そっちが市場を閉めるのだったら俺たちの地方公共団体も閉鎖する、となります。そうなると、経済的にパフォーマンスの良かったテリトリーが皆、閉鎖的になってしまうわけです。

私は、結構世界各地を旅しておりますが、完全に閉鎖的な国というのは長期的に困難に陥ります。ここで、日本の政府・政治について云々申し上げる気はございませんが、安倍晋三首相はどちらかというとインフラを大改革し、大きく競合に開かせていきたいとお考えになったのだと思います。自ら中に閉じこもる、世界の競合に直面しないということは、むしろ発展に対する抑制力となります。やはり、オープンな市場の方がよろしいのではないでしょうか。

アメリカが失墜した理由は、それではないかと思います。随分アメリカは閉鎖的になりました。アメリカにいた企業は、もちろんきちんと事業は展開していたのですが、随分テクノロジー上の遅れが出てきました。軍事は別ですけれども、他の国々に対して随分後れを取った分野があります。あまりにもそこでの遅れが大きくなったので、世界の他の国とのズレが出てしまったということがあります。

我々は、東ドイツのライプチヒと姉妹提携を結んでおります。東西ドイツにまだ分かれていた時には、ライプチヒは東ドイツの重要な経済都市でした。東西ドイツが再統一された時、ライプチヒの企業は当時東ドイツの花形産業だったのですが、技術的に後れを取っており西ヨーロッパの企業との技術上の差があまりにも大きかったので、抵抗することができず、全部失墜してしまいました。

私はいつも、他との競合こそが刺激を与え、そして前進できると思っております。自分が持っているものだけで満足してしまえば前進できないと思っております。（了）

5 官民関係者から見たフランスの水道事業②

次に、実際に海外の水道事業において豊富な運営実績を持つ民間事業者からフランスの水道事業のポイントや、我が国への示唆について、語っていただくこととしたい。以下は、ヴェオリア・ジャパン㈱営業本部PPP推進部長・京才氏からの寄稿によるものである。

＜フランスの上下水道事業からのレッスン＞

（1）はじめに

フランスの上下水道インフラ整備の歴史において、官民連携は重要な役割を果たしてきた。水道事業における初の官民連携は、1853年にジェネラル・デゾー社（現ヴェオリア）とリヨン市との間で結ばれたコンセッション契約である。

当時、市民は地区ごとに整備された無料の公共水汲み場で水を汲むことができたが、現在のような各家庭への給水は行われていなかった。各家庭への個別給水事業を実現する余裕は、技術的にも財政的にも市にはなかった。そこで民間の水道会社がその役割を担うことになった。コンセッション契約により、民間の水道会社にはインフラ整備と一定期間の事業運営権が与えられ、個別給水サービスを受ける市民から徴収される水道料金でインフラ整備費を回収した。インフラ整備初期の19世紀には、このような官民連携の形がフランス各地で見られた。

それから約1世紀半がたつ現在まで、フランスの上下水道事業運営のスタイルは時代の変遷とともに形を変えてきた。ここでは、現在のフランスの上下水道事業について、いくつかのテーマにポイントを絞りご紹介したい。海外事例の1つとして、日本国内の将来の上下水道事業運営のあり方が議論される際の参考にしていただけると幸いである。

（2）広域連合による上下水道管理

日本における将来の人口減少は不可避であり、この困難な時代に上下水道事業をどのように持続的に運営していくかは深刻な課題である。特に中小規模自治体における影響は計り知れない。対応策の1つとして「広域化[9]」が繰り返し議論されているが、日本での実例は少ない。フランスにおける広域連合の取り組みを紹介したい。

フランスでは、日本の市区町村に当たる基礎自治体の単位はコミューンと呼ばれ、パリが人口約225万人で最大であるが、図表97に示す通りコミューンは36,680もあり小規模のものが多い。全体の約4分の3が1,000人以下、約4分の1が人口200人以下である。

図表97　基礎自治体規模の日仏比較（2017時点）

	人口	基礎自治体数	自治体当たりの平均人口
フランス	約6,700万人	36,680	約1,800人
日本	約12,700万人	1,718	約74,000人

出典：総務省「2014年度地方公営企業年鑑」

フランスでは、小規模自治体の行財政基盤の脆弱さを補うために、自治体間の広域連合化が進んでいる。広域連合を支援する各種法律が整備された結果、多くの自治体が他の周辺自治体と連合を組み、上下水道[10]、公共交通、ごみ収集・処理等の公共サービスを提供している。

図表98に上下水道事業を提供する広域連合の例を示す。例えば、リヨン市では周辺54の自治体でメトロポール・リヨンと呼ばれる都市共同体を形成し、上

9：複数自治体が行政区域を越えて共同で事業運営することにより、事業規模を拡大する取り組み
10：広域連合ごとに提供するサービスの範囲が異なり、上下水道事業においても上水道事業のみ広域化し、下水道事業は別々に運営するなど、さまざまな形態がある

下水道を含む各種公共サービスを広域的に提供している。リヨン市単独の人口が約50万人であるのに対して、メトロポール・リヨン全体では約130万人となる。

図表98　広域連合による上下水道事業の例

広域連合名	対象サービス	参加自治体	合計人口
メトロポール･リヨン	上下水道を含む 各種公共サービス	リヨン市周辺の54自治体	約130万人
イル･ド･フランス地域圏 水道組合	上水道	パリ市周辺の150自治体 （パリ市を除く）	約450万人
パリ大都市圏 下水処理事務組合	下水道	パリ市を中心とする180自治体	約900万人
ブローニュ地方共同体	上下水道を含む 各種公共サービス	ブローニュ･シュル･メール市 を中心とする22自治体	約12万人

上記の自治体間の広域化とは別に、民間側が複数の隣接自治体の業務を受託することにより、広域化同様のメリットを実現している例もある。これは、同一水道会社が地理的に近い複数自治体の業務を受注することにより、事務所の設置や、管理者や技術者を配置するのに必要な事業量を確保する例である。各自治体が単独では確保が困難な技術力や緊急時対応力を得ている。

（3）上下水道事業における官民連携

フランスでの上下水道事業における官民連携は、一般に「公共サービスの委託」と呼ばれる。水供給と公衆衛生確保の責任は官側が持ち、そのサービス提供に際して民間が委託を受けることができるという考え方である。日本における官民連携と同様の考え方である。

一方、日仏で異なる点は、各契約の業務範囲と、業務遂行に関する民間裁量の大きさである。日本では部分発注、仕様発注が多用[11]されているのに対し、フランスでは包括委託、性能発注が主流である。これは、両国における官民連携の歴史の深さの違いによるものだと思われる。インフラ整備初期から民間が事業運営に関わってきたフランスでは、事業運営を包括的に管理する経験や能力を持つ水総合企業が複数育っている。

現在、フランス全体では人口割合にして、上水では約66%、下水では約47%（2013年時点）[12]が民間委託されている。委託形式は、アフェルマージュ契約が主流である（前掲図表90参照）。

アフェルマージュ契約とコンセッション契約の違いは、施設整備に伴う投資を、民間と公共のどちらが担うかである。コンセッション契約は、19世紀の初期インフラ整備や、20世紀後半の大規模な施設改良が求められた時期に好まれた。大規模な民間投資が必要とされ、その投資回収には長期間を要するため、必然的に長期契約（20～50年程度）となっている。

一方、インフラ整備が一段落した近年では、さほど大規模投資は必要とされておらず、既存施設の管理・運営が中心となるアフェルマージュ契約が主流となっている。契約期間は8～12年程度のものが多い。どちらの契約においても自治体が資産を保有し、自治体がサービス提供の最終責任を負うことに違いはない。

フランスには過去の知識・経験がさまざまな形で蓄積されている。例えば、自治体がアフェルマージュを検討する際の標準契約は1951年に作成され、その後修正が定期的に加えられている。最新の標準契約は2016年[13]に公表された。官民のリスク分担、契約期間中の料金改定、民間の創意工夫を引き出すためのサービス水準の設定など、参考になることが多々ある。

11：日本でも包括委託の導入が少しずつ進んでいることは記しておきたい。国土交通省による「下水道施設の運営におけるPPP/PFIの活用に関する検討会」の資料（2013年7月）によると、下水道事業では約1割の下水処理場で包括委託が導入されている

12：「フランス上下水道における公共サービス 第6版」、BIPE/FP2E（2015）、P92

13：2016年版はフランス市町村長会のHP（http://www.amf.asso.fr）よりダウンロードが可能

（4）「水は水が支払う」の概念と再配分システム

フランスにおける上下水道料金の平均は3.52ユーロ／㎥（約430円、123円／ユーロで計算）[14]であり、日本の全国平均である約270円／㎥[15]より約5割高い。しかし、料金の単純比較からフランスの上下水道サービスが高コストであるとは言えない。その理由を理解するためには、フランスの「水は水が支払う[16]」の概念の理解が重要である。

「水は水が支払う」とは、水に関する費用は、浄水場や下水処理場の建設、管網整備費、維持管理費、運営費等を含めすべて、上下水道料金の収入で賄う、という受益者負担、独立採算の原則である。日本の場合、水道や下水の汚水分の処理は料金収入から賄うことを基本とするが、補助金や一般会計からの繰り入れも多い。つまり、日仏間で上下水道料金として支払われるコストで賄われる事業範囲が異なっている。

図表99にリヨン市の上下水道料金である3.11ユーロ／㎥の内訳[17]をグラフに示す。日本のものと異なる点がいくつかある[18]が、特に「水管理局」という項目に注目していただきたい。フランスの水行政には、流域管理という概念が導入されており、フランス本土が6流域に分割されている。水管理局とは流域を管理する機関であり、その財源は、流域内の住民から上下水道料金の一部として徴収されている。

水管理局は、同一流域内の全利用者から徴収する負担金を元に、大規模更新など流域内で支援を必要とするコミューンに財源を提供するという再分配機能の役割を果たす。つまり、上記の「水は水が支払う」の原則は、各流域単位で適用されており、流域内での独立採算が保たれている。

14：「フランス上下水道における公共サービス 第6版」、BIPE/FP2E（2015）、P70
15：2014年度のデータに基づき、日本で一般家庭が使用する目安である20㎥/月から計算
16：フランス語の「l'eau paie l'eau」の直訳。英語では「Water pays Water」
17：グランドリヨン水会社（Eau du Grand Lyon）HPより
18：ここでは説明を省くが、アフェルマージュ契約受託者分が明示されている点、上下水道料金に付加価値税が課せられている点なども特徴的である

図表99　リヨン市上下水道料金の内訳

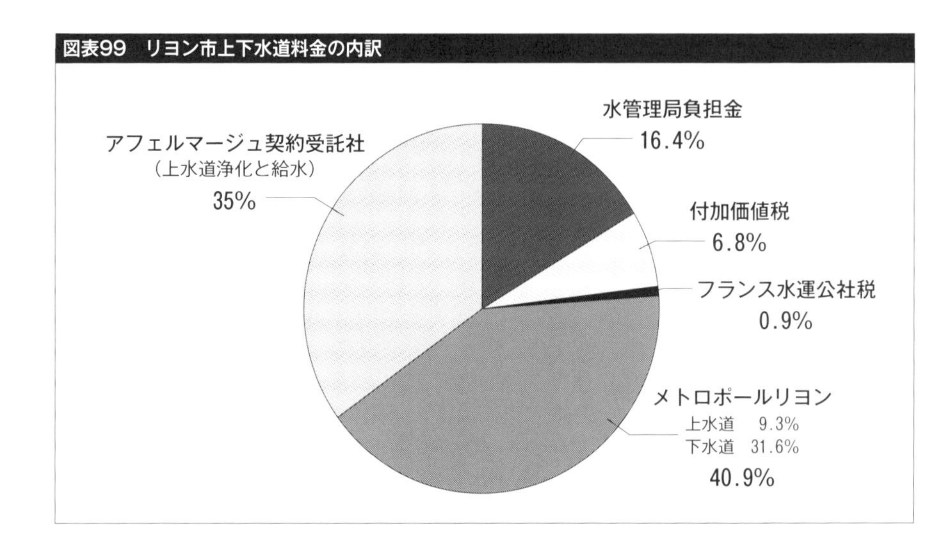

なお、「水は水が支払う」という受益者負担の考え方は、フランス特有のものではない。EU水枠組み指令（"EU Water Framework Directive"）でうたわれており、全EU加盟国に適用が求められている。この指令によると、取水、浄水、給水、下水処理までの一連の水サイクルにかかる"真のコスト"を、上下水道料金に反映しなければならない。

(5) 水業界における人材育成

日本の多くの自治体が抱える課題として、技術職員の高齢化と若手への技術継承が挙げられる。日本水道協会のデータによると、自治体で水道事業に従事する職員のうち、50歳以上の職員が占める割合は約4割（2014年時点）[19]である。一方、フランスのデータによると、50歳以上の職員は約28%（2012年時点）[20]であり、職員高齢化は特別な課題とは認識されていない。フランスでの人材育成のあり方について、現地職員から聞いた話を元に少し紹介したい。

19：2014年度水道統計（日本水道協会）
20：「フランス上下水道における公共サービス 第6版」、BIPE/FP2E（2015）、P96

まず日仏の大きな違いは、若者の就職先としての水業界の位置付けが異なる点である。日本では一般学生における水業界の認知度が低いが、フランスでは学生時代から環境や水分野に興味を持ち、関連分野の教育を受けた上で上下水道の職に就く若者が多い。特に、高度専門職業人を養成するためのグランゼコール[21]と呼ばれる教育機関で上下水道の運営、水処理等を学んだ職員が多い。

また民間の水道事業会社も、大学などの教育機関と一体となり、水業界における人材育成のための長期的な学術プログラムを提供している。例えば、修士課程を修了した学生を対象とした15カ月間のプログラムでは、大学での座学と、上下水道事業の現場での実践とを組み合わせ、総合的に技能・経験を身に付ける場を提供している。

実際、これらの専門知識を身に付けた職員が若いながらも重要なポジションで活躍している。フランスでは、知識や経験の豊富なベビーブーム世代の退職を補う若手が育っている。

（6）おわりに

現在、日本国内の多くの自治体では、少子高齢化、施設の老朽化、更新費増大、経験豊富な技術職員の退職等、さまざまな課題が認識されている。これらの課題に対処するため、さまざまな取り組みが各地域で実施・試行されている。

下水道では、浜松市において国内初のコンセッション事業が2018年4月から開始される。また、上水道についても、複数の自治体がコンセッションを含む新しい事業運営手法を模索している。最適な運営手法が地域の経済状況、社会特性、歴史背景、時代の状況などに応じて変化するのは然（しか）るべきである。

フランスにおいてもさまざまなモデルが試されている。インフラ整備初期のコンセッション、その後の自治体直営、そして再度コンセッションが好まれた

21：フランス独自の教育システムであり、その多くが理工系技術者の専門職養成機関となっている

時代、現在のアフェルマージュなど、上下水道事業運営のあり方は時代とともに変わってきた。

上下水道事業マネジメントにおけるフランスの考え方や変遷を、日本国内の取り組みの参考にしていただければ幸いである。（了）

6 我が国の水道事業の海外展開について

これまで英仏水道事業における広域化や官民連携の状況について見てきたが、本章の最後に、我が国の水道事業の海外展開の現状や課題についても少し触れておきたい。

我が国の水道事業は、主として地方公共団体が事業者となってトータルマネジメントを実施し、民間事業者は水道施設の納入や維持管理の受託といった個別分野でその技術力を発揮している。

このように地方公共団体が主として経営を担う我が国の水道事業は、高い有収率、飲料に適した高い水質などの強みを有するため、2010年前後から地方公共団体が中心となり、我が国の水道システムを海外に移転することでビジネス展開を図ろうとする動きも見られる。2016年も、東京都がベトナム国ハノイ市で技術協力、北九州市がカンボジア王国14都市で基本計画の策定を行うなど活動を継続している（図表100）。

図表100　地方公共団体の海外展開の主な事例

2016年11月時点

自治体	概要
東京都	ハノイ市（ベトナム）、ヤンゴン市（ミャンマー）で技術指導・技術協力
横浜市	タイ、ナイジェリアにおける技術協力
埼玉県	タイの工業用水事業に対し実証事業
川崎市	コン・ダオ県（ベトナム）で下水道調査
名古屋市	スリランカにおける技術協力・実証事業
大阪市	ホーチミン市（ベトナム）における技術指導
神戸市	ロンアン省（ベトナム）工業用水の現地調査、研修実施
北九州市	カンボジア14都市で水道基本計画策定支援
福岡市	ヤンゴン市（ミャンマー）とまちづくり支援に関する覚書締結

出典：総務省「自治体水道事業の海外展開事例」（2016/3）、各地方公共団体HP等を基に日本政策投資銀行作成

政府も厚生労働省や総務省、経済産業省などが中心となり、地方公共団体が有する水道事業に関するノウハウの海外移転、我が国の水ビジネスの海外展開を模索してきた。2009年には13府省庁が連携し、「水の安全保障戦略機構」も設立されている。

しかしながら、これまでのところ多くの事案が調査ないし技術協力中心であり、ビジネス化に至った例はほとんど見られない。

要因としては、①我が国の消費者の高い要求水準をベースとした提案となること、②「公営なので地元に注力すべき」という意見を背景として展開に制約があること、③民間ベースでは高価な日本製機器の売り込みとなってしまうケースも多いこと、などが想定される。

以上を踏まえると、我が国における現状の公営形態のままでは、水道事業の海外ビジネス展開は必ずしも容易ではなく、官民の連携・協働により水道事業経営の新たな担い手を形成・育成することなども重要な視点となってくるものと考えられる。

第6章

水道事業の経営改革へ向けて

―"官民連携（PPP/PFI）を通じた実質的広域化"の視点―

これまで、我が国の水道事業の現状・課題に始まり、成り行きモデルによる将来の厳しい絵姿の経営シミュレーション、課題解決の処方箋としての広域化・官民連携（PPP／PFI）、そして英仏水道事業からの示唆、と展開してきた。

最終章では、これまでの内容を踏まえ、我が国の水道事業の経営課題を解決するための現実的な手法について考察してみたい。

1 水道事業の現状・課題の整理

我が国の水道事業は、給水人口の減少、巨額の維持更新投資、高い有利子負債の水準、ノウハウを有する職員の退職による技術承継に加え、事業者ごとの料金格差など複合的な課題を抱えている。

今現在既に経営状況の悪化が顕在化している事業者ということで言うと、一見まだ給水人口5万人以下等の中小事業者だけにとどまっているように見えるかもしれない。しかしながら、第2章で見たように、今後の人口減少と適正な更新投資実施を前提としたDBJの試算によれば、将来的には我が国全体で見て、約30年後に6割以上の料金値上げが必要かつ債務残高も2倍近くに増加することが見込まれるなど、大変厳しい経営の絵姿となることが予想されている。

水道事業の経営課題は、もはや中小事業者だけの問題とは言えないのが実情である。

2 今後めざすべき1つの方向性

そのような中、全国1,300超にも及ぶ大変多くの公営事業者が、上記の各種課題に対して個々別々に対応に当たるのでは明らかに限界があるだろう。課題解決の大きな方向性としては、まず広域化、そして2点目に官民連携を挙げることができ、これらを効果的・効率的に推進することによって、料金値上げ等による地域の負担を少しでも抑制していくことが重要と言える。

ただ、このうち広域化については、第3章で見たように、全国各地でさまざまな先導的取り組み（例：八戸圏域・岩手中部・群馬東部等の各水道企業団や、「県内一水道」を推進する香川県等）も行われているが、一方でやはり料金格差や財政状況格差などがネックとなり、一般的に「行政レベルでの広域化」はなかなか進みづらいことも事実である。

以上の状況も踏まえると、我が国の水道事業の課題解決を、できるところから着実に、かつスピード感をもって推進するためには、「官民連携を通じて（てことして）実質的な広域化を実現していく」、「実質的な広域化を実現するための手法として官民連携を活用していく」視点が、1つの手法として有効と言えるのではないだろうか。

なお、このような課題解決の大きな方向性を想定しつつも、当然ながら都市の規模や地理的・地形的要因等によって、課題の内容・程度やめざすべき方向性も大きく異なることから、各地域がそれぞれの課題や実情に応じたソリューションをしっかりと追求していくことが重要と考えられる（図表101）。

図表101　地域・都市規模の類型

大都市	特徴	人口100万人超を有する地域の中心として、高い技術力と運営ノウハウによる独立した水道事業経営が可能な事業者
	今後の方向性	域内給水人口減少に伴う収益悪化に対応するため、地域の中心事業者として、周辺地域への技術・ノウハウの提供や運営受託を通じた収益機会の獲得へ
中核都市	特徴	人口十数万人～数十万人規模の中核的都市として、経営の独立性を一定程度有する水道事業者。合併等による人口密度の高低差が顕著な場合もあるが、一定の技術力と運営ノウハウによる水道事業経営や官民連携（維持管理包括委託等）を実践
	今後の方向性	収益悪化・設備更新・技術承継等の課題に対応するため、経営管理等コア業務への経営資本集中や、民間ノウハウのさらなる活用を通じた長期的視点による更新投資マネジメント等の推進へ
一般都市	特徴	人口数千人～数万人規模の水道事業者。単体・直営による経営の限界が近づいており、規模・手法両面における経営効率化への取り組みが喫緊の課題
	今後の方向性	経営管理等コア業務を管理しつつ、周辺地域との一体運営・支援受け入れ等による広域化や民間ノウハウ活用等の推進へ

3 「官民連携を通じた実質的広域化」による経営合理化スキーム

前項で記載した「官民連携を通じた実質的広域化」スキームについて、実際に考察してみたい。

具体的には、図表102の中で、

・まず、コアとなる公営事業者（例えば、A市）が官民連携の活用に踏み出すことを契機として、民間事業者の参画する「広域的官民水道事業体（＝運営の担い手)」を組成
・当該公営事業者から「広域的官民水道事業体」へ業務・運営委託等を実施
・その後、当該「広域的官民水道事業体」を受け皿として、複数の市町村からも順次業務・運営委託等を実施し、規模の経済を働かせることによって、実質的な広域化を実現

図表102　官民連携を通じた実質的広域化スキーム（イメージ）

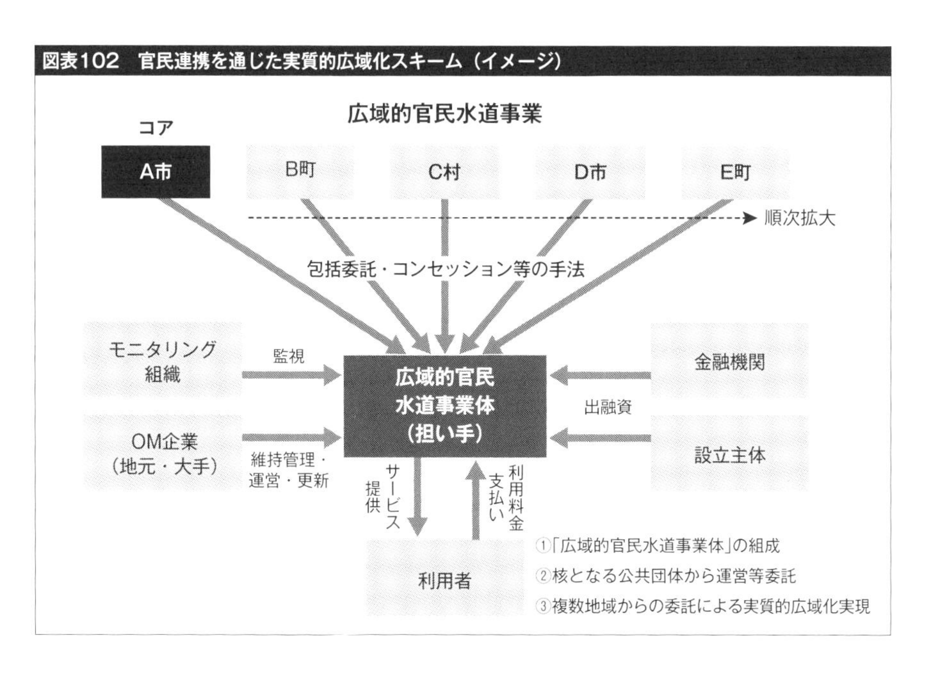

という形が想定される。

そして、水道事業を巡る今後の厳しい経営環境を踏まえれば、各公営事業者からのそれぞれの業務・運営委託等にあたっては、既にこれまで我が国でも実績のある短期的な維持管理包括委託等を一歩進め、民間ノウハウのさらなる活用を通じ、より長期にわたって更新投資の最適なプランニングやマネジメントを実行していく「進化した官民連携」(例:コンセッション等)の視点が一層重要となるものと考えられる。

このスキームでは、行政レベルでの各種調整を特に前提としていないため、各公営事業者間の料金格差や財政状況格差などはそのままとした上で、例えば共通経費の一元管理によるコスト削減等を通じて、各地域におけるそれぞれの料金値上げの抑制に繋がることが期待される。

既に見たように、DBJでは、2016年度に内閣府等との協働により、「フランス・英国の水道分野における官民連携制度と事例の最新動向について」の調査・公表を実施しているが、中でもフランスについては、

・我が国と同様、地方公共団体(全国に約36,000存在するコミューン)が供給責任を有している
・人口ベースで7割近くの団体が「アフェルマージュ」等の手法を活用して、維持管理・運営を民間に包括的に委託している
・委託先の民間事業者が大手3社による寡占状態のため、「民間ベースでの実質的な広域化」が実現している

という点で、今回提案しているスキームと相応に共通点を有するものと考えられる。

4 「官民連携を通じた実質的広域化」へ向けた課題と方策

以下では、前節で提案した「官民連携を通じた実質的広域化」スキームを我が国で推進するための課題や方策について考察してみたい。

(1)「担い手」の形成

我が国では、100年以上も前から民間が水道事業運営を担っているフランスなどとは異なり、これまで一貫して、地方公共団体が公営企業の形で水道事業の経営を実施しているケースが大半である。そのため、現段階ではまだ「担い手」となり得る国内の民間事業者が存在しないのが実情であろう。

このような歴史的経緯や特徴を踏まえれば、今後、当スキームの「担い手」としては、例えば以下のような複数の類型の事業体が段階的に形成されていくことが想定されるのではないだろうか。

①「大都市」自身が民営化（組織形態変更）して形成する事業体：

高い技術力と運営ノウハウを有する「大都市」の公営事業者が複数存在するのが我が国の1つの特徴であり、当該事業者が株式会社等へと組織形態を変更した上で、広域的な事業展開も見据えた担い手となるもの。

②「中核都市」が民間事業者と連携して形成する官民協働事業体：

一定の技術力と運営ノウハウを有する「中核都市」の公営事業者が、今後の収益悪化・設備更新・技術承継等の課題に対応するため、民間事業者との協働（共同出資等含む）により、担い手となる事業体を形成するもの。

③国内の民間事業者同士が連携して形成する事業体：

主に国内の民間事業者同士（複数業種・複数事業者等）が連携・協働して、担い手となる事業体を形成するもの。

④国外の民間事業者が主導して形成する事業体：

主に国外の民間事業者が主導して、内外の民間事業者との連携・協働により、担い手となる事業体を形成するもの。

そして、これまでや昨今の我が国の水道事業の動向などを踏まえれば、より現実的には、まず上記①や②が先行して形成され、ここが受け皿の核となって、中小を含む複数の一般都市の水道事業運営も順次段階的に担っていくことにより、実質的な広域化の流れが広がっていくことが期待される。

また、根付くのに多少時間を要する可能性はあるが、次なる担い手として、③や④の形成ももちろん期待されるところであり、特に③の形成にあたっては、コンセッション活用等による長期的な更新投資マネジメントの実行などを見据えれば、電力・ガス等のユーティリティ系事業者の参画等も将来的には期待されるであろう。

（2）「官民の適切な役割・リスク分担」とそれを可能とする制度設計

既に述べたように、水道事業を巡る今後の厳しい経営環境を踏まえれば、料金値上げ等の地域の負担を可能な限り抑制するためには、コンセッションの活用等によって、長期的視点で更新投資を最適にマネジメントしていく「進化した官民連携」を推進する視点が重要である。

そのような中、これまでコンセッションの活用は、運営権者（民間の担い手）が認可を取得して水道法上の水道事業者となる必要があり、これが官民ともに1つの大きなハードルとなって、水道事業におけるコンセッションの活用機運が高まっていなかった側面もあった。しかしながら、現在検討が進められている水道法改正（2017年3月閣議決定済み）により、今後は地方公共団体が水道事業者のままでコンセッションを活用することが可能となる見通しである。これまでの公営の歴史や生活密着型インフラという側面などから、他のインフラにも増して、より丁寧かつ適切な官民の役割・リスク分担が求められる水道事業において、今回の法制度改正は大変意義深いものであり、大きな期待が寄せられる。

その上で、今後将来的には、「コンセッションを活用する際の認可を公共に、または民間に」といった現在の議論をさらに一歩前に進めた上で、地域の課題や実情に応じてより柔軟かつ適切に官民の役割・リスク分担を検討・設定することが可能となるような、さらなる骨太な制度設計なども期待されるところである。

具体的には、各種事業法なども参考に、例えば、

①水道事業者を、図表103にあるように第一種、第二種、第三種等の区分に定義付けして、多種多様な官民運営主体の参入を可能とする。

②さらに事業者区分ごとの役割・リスク分担は、同図表にあるように、地域の実情に応じて経営から維持管理まで柔軟かつ適切に伸縮・設定できることを法律上も位置付ける。

③その上で、それぞれの事業者がそれぞれの責任・リスク・権限をしっかり担っていく。

といったことが可能となれば、大変有意義と考えられる。

図表103　事業者区分と官民の適切な役割・リスク分担（イメージ）

第一種：自ら保有する施設をもって水道事業を運営する事業者

第二種：他社が保有する施設を用いて水道事業運営する事業者
（＝「店子」、「運営権者」等）
地域の実情に応じ、第三種事業者と役割・リスク分担

第三種：自ら保有する施設を他社に使用させ運営させる事業者
（＝「大家」、「運営権設定者（公共団体）」等）
第二種事業者と役割･リスク分担しつつ、モニタリング実施

	第一種	第二種	第三種
モニタリング業務	―	―	○
経営部門 ・各種計画決定 ・人事総務、財務 等	○		
経営部門支援 ・各種計画策定 等	○		
危機管理対応	○	地域の実情に応じ、分担	
設計建設業務	○		
営業業務	○		
維持管理業務	○		

（3）「モニタリング機関」の整備

今後、各地域が安心感をもってコンセッション等をはじめとする進化した官民連携に踏み出すためには、高い技術力や公平性を有する第三者モニタリング機関が整備されることも重要であろう。そして、当該機関が、更新投資の必要性を踏まえた料金値上げの妥当性や、経営の健全性等をしっかりチェックする仕組みを整備することを通じ、官民連携等を活用した安全・安心で効率的な水道事業が実現することが期待される。

具体的なモニタリング機関のイメージとしては、例えば以下のようなパターンが想定できるのではないだろうか。

①国が主導して整備するモニタリング機関：

イギリスのOfwatのように、国レベルで整備。

②県・地域・流域単位で整備するモニタリング機関：

フランスの事例なども参考に、都道府県や地域（広域圏等）もしくは流域単位で整備。

③「大都市」による他地域のモニタリング支援：

先にも述べたように、高い技術力と運営ノウハウを有する「大都市」の公営事業者が複数存在するのが我が国の1つの特徴であり、当該事業者が組織形態の変更や別組織の整備を通じて、他地域のモニタリングを実施するもの。

5 地域の課題・実情に応じた早期取り組みの必要性と将来ビジョン

人口規模の小さな公営事業者は言うまでもなく、それ以外の事業者も含めて我が国の水道事業の課題解決は待ったなしの状況であり、各事業者は、それぞれの地域の課題や実情を適切に踏まえた上で、早期に広域化や官民連携等の地域にとって適切なソリューションに踏み出すことが重要である。

そのためにも、まずは各事業者が今後の中長期的な経営シミュレーションを早期に実施し、将来的な厳しい経営の絵姿や、「誰が運営しても今後の料金値上げは不可避」という課題認識を、地域の関係者でしっかりと共有することが出発点として大変重要と言えよう。そしてその上で、特にコンセッション等をはじめとする官民連携については、アップサイドの見込めない成熟型事業分野ではそのメリット等がわかりづらいところもあるが、料金値上げ等の地域の負担を「抑制」する意味で取り組む意義が大きいということを、地域の関係者でしっかりと共有することが肝要であろう。

本章では、我が国の水道事業の課題解決へ向けた1つの手法として、主に「官民連携を通じた実質的広域化」スキームについて考察してきた。地域や都市の規模等によって、課題の内容や程度は異なるところであるが、これまでに見たように、「担い手」や「モニタリング機関」の類型や実際の顔ぶれが徐々に具体化してくれば、各地域が踏み出すことのできる選択肢も増え、地域の実情に即した形での当該スキームの実現可能性も高まっていくものと期待される。今後へ向け、まず今の段階で、そのような将来の絵姿やビジョンを国レベルで提示することなども有意義と考えられる（図表104）。

今後、1つの手法としての「官民連携を通じた実質的広域化」スキームが少しずつ我が国に根付き、複数の類型による官民水道事業体が各地域の広域的な担い手として発展していけば、将来的には、たとえ公営事業者の数は相応に多

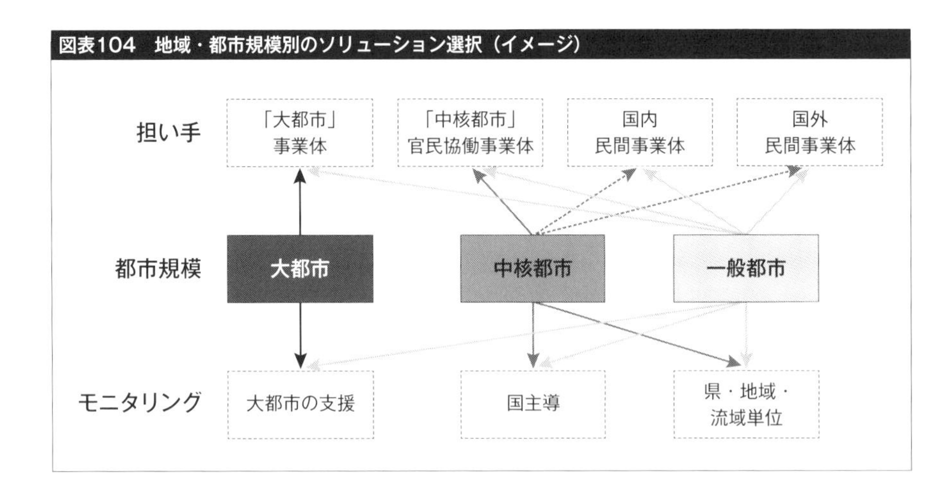

いままであっても、運営を担う事業体ベースで見れば実質的に広域的かつ効率的な運営が実現されている、といった成功ストーリーも描けるのではないだろうか。これはこれで1つの「日本版水道事業経営再構築スキーム」と言うことができるであろう（図表105）。

現在我が国では、大阪市・宮城県・浜松市等において、コンセッション活用等による水道事業の経営改革へ踏み出そうという動きも見られるところである。このような先進団体による先導的取り組みも契機に、今後各地で「広域的官民水道事業体」が水道事業の経営ノウハウを継承・発展させることによって、地域経済の拡大等に資する新産業の創出や、ひいては将来的な海外展開等へも繋がっていくことを期待したい。

～結びに代えて～

水道事業の広域化を進めるための1つの手法として、最終章で、民間主体が複数の地方公共団体から事業を受託することにより規模の経済を働かせる方式（「官民連携を通じた実質的広域化」スキーム）を紹介した。この方式は、担い手となる民間主体の形成などが課題ではあるが、我が国の水道事業の課題解決へ向け、できるところから着実にかつスピード感をもって取り組んでいく上で、1つの有効な方向性であると考えられる。

このようなスキームをより有意義に機能させるためには、本来的には単なる規制緩和やPFI法の適用等にとどまらず、水道システム全体を制度面を含めて再構築することが望ましいと考えられる。2017年3月に閣議決定された水道法改正などが、こういった動きの契機となることを期待したい。

一方で、システムを大きく変更すれば、それに伴う社会的コストも大きくなるため、例えば特区の活用などを含めて漸進的な変革を進めていくことも現実的である。ただ、漸進的な変革を続けることで、システムが継ぎはぎ状況となってしまう副作用が顕在化する懸念もあるため、全体的・長期的な目線での大きな指針は必要となってこよう。

インフラの再構築や持続的運営へ向け、国を挙げて官民連携（PPP/PFI）の重要性などがうたわれるようになって久しいが、これまでの公営の歴史や生活密着型インフラという側面を持つ水道事業などにおいて、もっとも留意すべきは、「民間に任せればすべてうまくいくというのは幻想でありかつ無責任」ということではないだろうか。本来の公共的なサービスについては、公共側におけるモニタリング機能の確保は必須であり、そのための制度設計なども当然必要となってくるものであろう。

官か民かという二者択一ではなく、適切な官民連携のあり方や、官民の役割分担の継続的な検討と実践が重要であることを改めて指摘させていただくことで、本書の結びとしたい。

（※なお、本書は、日本政策投資銀行において近年実施してきた調査・検討をベースに加筆・編集を行ったものである。これまでの調査や本書の取りまとめにあたり、快くご協力いただいた関係者の方々、ダイヤモンド・ビジネス企画の皆さま、そして、本書の執筆・編集に当たった日本政策投資銀行職員に感謝申し上げたい）

日本政策投資銀行　常務執行役員　地下誠二

補章 1

水道事業の多面的な経営分析と考察

1 類型別に見た水道事業の経営分析

（1）分析対象

補章1では、我が国の公営水道事業者の経営状況を、総務省「水道事業経営指標」の団体別類型一覧を参考に、給水人口および主な水源を切り口に分析する。

分析対象となる事業者は、地方公共団体が経営する水道事業2,081団体のうち、簡易水道事業737団体を除く法適用企業1,344団体（2015年度末現在）で、給水人口別、主な水源（「ダム」、「受水」、「表流水（ダムを除く）」、「その他（地下水、伏流水等）」）別に分類した状況は図表106の通りである。事業者のほとんど（1,273社）が末端給水事業者である。

図表106　分析対象となる公営水道事業者の状況

		末端給水事業								用水供給事業	合計
		主な水源がダム		主な水源が受水		主な水源が表流水（ダムを除く）		その他（地下水、伏流水等）			
東京都		1								0	1
政令市		19								1	20
給水人口（万人）	30～	11	23.4%	22	46.8%	10	21.3%	4	8.5%	39	86
	15～30	7	9.1%	32	41.6%	17	22.1%	21	27.3%	8	85
	10～15	6	6.7%	44	48.9%	15	16.7%	25	27.8%	8	98
	5～10	22	10.3%	99	46.5%	20	9.4%	72	33.8%	8	221
	3～5	14	7.0%	69	34.7%	17	8.5%	99	49.7%	1	200
	1.5～3	12	4.5%	71	26.7%	46	17.3%	137	51.5%	2	268
	1～1.5	7	5.4%	27	20.8%	24	18.5%	72	55.4%	1	131
	0.5～1	14	7.7%	27	14.8%	45	24.6%	97	53.0%	0	183
	～0.5	3	6.3%	3	6.3%	10	20.8%	32	66.7%	3	51
小計（都・政令市以外）		96	7.7%	394	31.4%	204	16.3%	559	44.6%	70	1,323
合計		1,273								71	1,344

出典：総務省「2015年度地方公営企業年鑑」を基に日本政策投資銀行作成

(2) 給水人口別　水道事業者の経営状況(都・政令市を除く)(図表107)

都・政令市以外の末端給水事業者の損益状況を給水人口規模別に平均値で比較すると、水道事業からの純然たる損益と考えられる「給水損益」(給水収益－給水費用)は、おおむね給水人口5万人を割ると赤字となり、他会計補助金・負担金等の割合が増加する。

また、給水人口が5万人を割ると、営業収益に対する支払利息の割合および減価償却費の割合が高くなり、その事業規模では設備・債務を負担する能力が限界に達することがうかがえる。

以上より、給水人口5万人が、末端給水事業を単独で経営する上での規模的なメルクマールになると推測される。

図表107　給水人口規模別　損益状況

給水人口規模	給水人口 1.5万人未満		給水人口 1.5万～3万人		給水人口 3万～5万人		給水人口 5万～15万人		給水人口 15万人以上	
事業者数	361		266		199		303		124	
給水人口（人）	8,667		21,594		39,037		85,482		318,816	
10㎥当たり料金	1,775		1,585		1,509		1,374		1,196	
総職員数（人）	4		8		12		25		101	
損益計算書（単位：百万円）	金額	比率(%)	金額	比率(%)	金額	比率(%)	金額	比率(%)	金額	比率(%)
営業収益	192	100.0	444	100.0	756	100.0	1,653	100.0	5,914	100.0
給水収益	187	97.3	423	95.3	730	96.4	1,581	95.6	5,638	95.3
経常費用	226	117.3	474	106.7	828	109.4	1,680	101.6	5,806	98.2
給水費用	225	116.9	468	105.3	823	108.8	1,662	100.5	5,733	97.0
職員給与費	27	13.9	53	11.9	79	10.5	162	9.8	688	11.6
支払利息	19	10.1	36	8.2	61	8.0	101	6.1	359	6.1
減価償却費	97	50.5	181	40.8	323	42.7	588	35.6	2,000	33.8
動力費	12	6.2	25	5.5	39	5.2	68	4.1	206	3.5
光熱水費	1	0.3	1	0.1	1	0.2	2	0.1	8	0.1
通信運搬費	1	0.7	3	0.6	4	0.5	8	0.5	25	0.4
修繕費	11	5.7	22	5.0	35	4.7	68	4.1	296	5.0
材料費	1	0.5	2	0.4	2	0.2	3	0.2	12	0.2
薬品費	2	0.9	3	0.7	4	0.6	9	0.5	48	0.8
路面復旧費	0	0.1	1	0.2	2	0.3	4	0.3	18	0.3
委託料	16	8.4	37	8.3	71	9.4	170	10.3	580	9.8
受水費	22	11.6	77	17.4	152	20.2	389	23.5	1,161	19.6
負担金	1	0.6	3	0.6	4	0.6	11	0.7	52	0.9
その他	14	7.4	26	5.8	43	5.7	79	4.8	281	4.7
給水損益	▲38	▲19.6	▲44	▲10.0	▲93	▲12.4	▲81	▲4.9	▲95	▲1.6
給水損益 (長期前受金戻入を加算)	▲8	▲4.3	7	1.6	▲0	▲0.0	91	5.5	409	6.9
営業外収益	53	27.6	83	18.7	151	20.0	248	15.0	749	12.7
一般会計負担金等	19	9.6	20	4.5	34	4.4	31	1.9	50	0.8
経常損益	20	10.3	53	12.0	80	10.5	222	13.4	856	14.5
特別利益	2	1.1	4	0.9	6	0.8	8	0.5	44	0.7
特別損失	2	1.2	2	0.4	7	0.9	9	0.6	113	1.9
純損益	20	10.1	55	12.5	78	10.4	221	13.3	787	13.3

出典：総務省「2015年度地方公営企業年鑑」を基に日本政策投資銀行作成

（3）主な水源別　水道事業者の経営状況（都・政令市を除く）（図表108）

都・政令市以外の末端給水事業者の損益状況を主な水源別に比較すると、用水供給事業者からの「受水」を主たる水源とする事業者に特徴がある。「受水」を主たる水源とする末端給水事業者は、ダム、表流水（ダムを除く）といった水源および浄水場保有にかかる設備負担が軽いことから、総資産、有利子負債も比較的軽くなっており、損益面では営業収益に占める支払利息、減価償却費の比率が低くなっている。反面、営業収益に占める受水費の割合が37.9%と非常に高水準にある。

さらに、「受水」を主たる水源とする末端給水事業者の給水損益の比率（営業収益に対する「給水収益－給水費用」の比率。長期前受金戻入を加算）は、3.2%と低位にとどまっている（同比率は、「ダム」6.5%、「表流水（ダムを除く）」7.8%、「その他（地下水、伏流水等）」4.9%）。

一方で、用水供給事業者の同比率は11.3%と高い水準にある。理由としては、用水供給事業者と末端給水事業者との契約は責任供給制（実際の使用量とは関係なくあらかじめ契約水量（責任水量）が決まる方式）が採られることが多く、給水人口の減少等による末端給水量の減少により、契約水量（責任水量）と実際の用水供給量との間に乖離（かいり）が生じ、「受水」を主たる水源とする事業者が受水費に見合う水準の料金収入を確保できていない可能性が考えられる。

（4）都・政令市の水道事業者の経営状況

都・政令市合計21都市のうち、水道事業を直接実施していない相模原市（相模原市では神奈川県企業局が末端給水を行う）を除く20都市に末端給水事業者が存在する（なお、北九州市は用水供給も行っている）。

このうち、給水エリア・給水人口が市の一部に過ぎない千葉市を除く19の末端給水事業者の経営状況を分析する。

図表108　主な水源別　損益状況

水源	ダム		受水		表流水		その他		用水供給	
事業者数	96		394		204		559		71	
給水人口（人）	124,816		88,290		65,344		39,314		1,070,618	
10㎥当たり料金	1,673		1,590		1,698		1,420		0	
総職員数（人）	47		24		26		12		54	
損益計算書（単位：百万円）	金額	比率(%)	金額	比率(%)	金額	比率(%)	金額	比率(%)	金額	比率(%)
営業収益	2,548	100.0	1,707	100.0	1,283	100.0	704	100.0	5,490	100.0
給水収益	2,451	96.2	1,623	95.1	1,231	95.9	675	95.9	5,456	99.4
経常費用	2,616	102.7	1,737	101.8	1,269	98.9	728	103.3	5,608	102.2
給水費用	2,565	100.7	1,721	100.9	1,260	98.2	720	102.3	5,596	101.9
職員給与費	315	12.4	158	9.3	174	13.6	82	11.6	412	7.5
支払利息	205	8.1	75	4.4	103	8.1	60	8.6	496	9.0
減価償却費	1,099	43.1	486	28.5	526	41.0	303	43.0	2,845	51.8
動力費	104	4.1	43	2.5	59	4.6	46	6.6	416	7.6
光熱水費	3	0.1	2	0.1	2	0.2	1	0.2	3	0.1
通信運搬費	12	0.5	7	0.4	6	0.5	4	0.6	9	0.2
修繕費	148	5.8	65	3.8	71	5.5	36	5.1	265	4.8
材料費	6	0.2	2	0.1	4	0.3	2	0.3	6	0.1
薬品費	40	1.6	5	0.3	15	1.2	4	0.5	120	2.2
路面復旧費	5	0.2	5	0.3	5	0.4	2	0.2	0	0.0
委託料	286	11.2	144	8.5	148	11.5	69	9.8	431	7.8
受水費	173	6.8	647	37.9	55	4.3	68	9.6	7	0.1
負担金	53	2.1	8	0.5	10	0.8	3	0.5	281	5.1
その他	116	4.6	75	4.4	81	6.3	40	5.7	306	5.6
給水損益	▲113	▲4.4	▲98	▲5.7	▲29	▲2.3	▲45	▲6.3	▲140	▲2.5
給水損益(長期前受金戻入を加算)	166	6.5	55	3.2	100	7.8	35	4.9	620	11.3
営業外収益	467	18.3	226	13.3	189	14.7	120	17.0	866	15.8
一般会計負担金等	73	2.9	28	1.6	24	1.9	21	2.9	55	1.0
経常損益	399	15.7	196	11.5	204	15.9	96	13.7	748	13.6
特別利益	15	0.6	10	0.6	14	1.1	5	0.7	181	3.3
特別損失	38	1.5	19	1.1	28	2.2	5	0.6	309	5.6
純損益	376	14.8	186	10.9	189	14.8	96	13.7	620	11.3

出典：総務省「2015年度地方公営企業年鑑」を基に日本政策投資銀行作成

①水道料金の水準

都·政令市19都市の末端給水事業者の家庭用水使用量10㎥（※ほぼ1人1カ月当たりの水使用量に相当）当たりの料金（口径13㎜）を比較すると、もっとも低い名古屋市（718円）からもっとも高い仙台市（1,490円）まで2倍以上の料金格差がある（図表109）。

図表109　家庭用水使用量10㎥/月当たりの料金（都・政令市）

水道料金の高い自治体（単位：円）

順位	自治体	料金
1位	仙台市	1,490
2位	札幌市	1,425
3位	新潟市	1,350
4位	さいたま市	1,339
5位	堺市	1,134
5位	熊本市	1,134

水道料金の低い自治体（単位：円）

順位	自治体	料金
1位	名古屋市	718
2位	川崎市	777
3位	北九州市	842
4位	広島市	874
5位	横浜市	946

出典：総務省「2015年度地方公営企業年鑑」を基に日本政策投資銀行作成

水道料金は、事業者ごとに、適正な営業費用に事業の健全な運営に必要な資本費用を加えて算出される（総括原価主義）。

水道料金体系の基本的な仕組みは、水使用料金の有無にかかわらず徴収される「基本料金」と、実使用水量に単位当たりの価格を乗じて算定して徴収される「従量料金」から構成されるが、その仕組みは事業者ごとに異なる（図表110）。加えて、2/3以上の事業者が、使用水量が増えると料金単価が高くなる逓増料金制を採用するが、その仕組みも事業者によって異なることから事業者間の水道料金の比較を困難にしている。

そこで次に、事業者によってまちまちな水道料金体系に左右されることなく水道料金を比較するために、2015年度末現在の東京都・政令市19都市の1㎥当たりの供給単価（料金収入／有収水量）を比較した。その結果、家庭用水使用

図表110　水道料金体系（基本料金、従量料金）

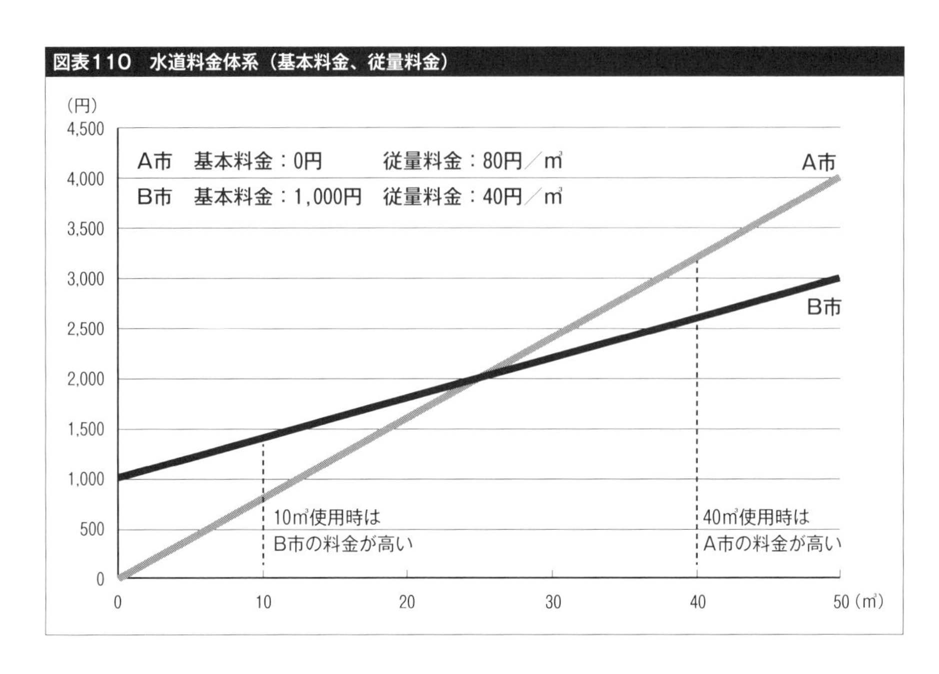

量10㎥当たりの料金（口径13㎜）の比較とでは、価格の低い都市と高い都市の顔ぶれが変わってくる。

また、もっとも低い浜松市（126円）からもっとも高い福岡市（218円）まで供給単価の格差は、家庭用水使用量10㎥当たりの料金（口径13㎜）の格差（2.0倍以上）より縮小するもののそれでも1.7倍以上となる（図表111）。

図表111　1㎥当たりの供給単価（都・政令市）

供給単価の高い自治体　（単位：円）

1位	福岡市	218
2位	さいたま市	213
3位	札幌市	212
4位	仙台市	209
5位	東京都	195

供給単価の低い自治体　（単位：円）

1位	浜松市	126
2位	静岡市	127
3位	新潟市	144
4位	北九州市	145
5位	川崎市	146

出典：総務省「2015年度地方公営企業年鑑」を基に日本政策投資銀行作成

標準家庭向け料金モデルにおける電力会社（10電力）の料金格差、都市ガス会社（主要4社）の料金格差が1.2倍程度であることから（図表112）、都市部に限ってみても水道料金の地域間格差が大きいことがうかがえる。

図表112　公共料金の地域間格差（2017年7月）

電力料金

（単位：円）

	北海道	東北	東京	中部	北陸
電力料金	7,247	6,967	6,661	6,390	6,412
指　数	1.18	1.13	1.08	1.04	1.04

	関西	中国	四国	九州	沖縄
電力料金	6,890	6,671	6,736	6,140	7,202
指　数	1.12	1.09	1.10	1.00	1.17

※もっとも料金の低い九州電力の電力料金を1.00とする

ガス料金

（単位：円）

	東京	大阪	東邦	西部
ガス料金	4,603	5,300	5,712	5,580
指　数	1.00	1.15	1.24	1.21

※もっとも料金の低い東京瓦斯のガス料金を1.00とする

出典：各社HPを基に日本政策投資銀行作成

②供給単価と経営の特徴

都･政令市19都市の水道事業者の供給単価と1㎥当たり経常損益との間の相関関係を求めると、相関係数は0.69（決定係数は0.47）であり一定の相関関係が認められる（図表113）。適正な値上げを行い、適正な水準の水道料金を徴収している事業者は適正な利益を計上していることが推測される。

それでは、都･政令市19都市の水道事業者に関して、供給単価の高い事業者

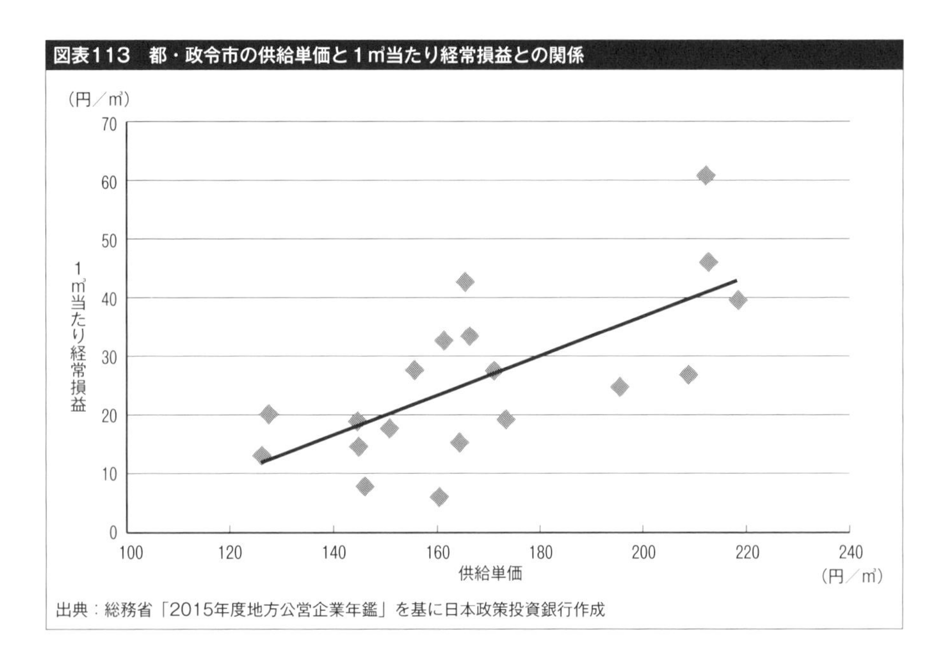

と供給単価の低い事業者にはそれぞれどのような特徴があるだろうか。

（ア）供給単価の高い事業者の特徴（図表115）

比較的経常利益率が高い事業者が多く、コストの料金への反映が順調に行われている事業者が多い。

（イ）供給単価の低い事業者の特徴（図表115）

比較的経常利益率が低い事業者が多く、何らかの理由でコストの料金への反映が適正にできていない可能性がある。給水事業の損益（給水収益－給水費用）が赤字でも、給水収益以外の営業収益や受取利息、配当金といった営業外収益によって全体として経常損益の黒字を維持している事業体もある。

ただし、職員を効率的に活用することで職員給与費の削減を図る、民間事業者への業務委託を積極的に活用することで経営効率化を実現する等、何らかの経営合理化に積極的に取り組んでいるとみられる事業体もある。

もっとも供給単価の低い浜松市は、コンセッションの活用を検討中である。

③受水を主たる水源とする都・政令市の利益水準

都・政令市の19事業者を、営業収益対受水費比率で、「受水」を主たる水源とするグループと「ダム・表流水他」を主な水源とするグループに分ける（営業収益対受水費比率20%を境界線とする）と、図表114の通りとなる。

図表114　主な水源によるグループ（都・政令市）

受水を主な水源とするグループ	ダム･表流水他を主な水源とするグループ
横浜市、神戸市、川崎市、さいたま市、仙台市、堺市、浜松市	東京都、大阪市、名古屋市、札幌市、福岡市、京都市、広島市、北九州市、新潟市、岡山市、熊本市、静岡市

出典：総務省「2015年度地方公営企業年鑑」を基に日本政策投資銀行作成

両グループの利益水準を比較すると、「受水」を主たる水源とするグループの経常利益率（12.6%）は、「ダム・表流水他」を主な水源とするグループの経常利益率（13.9%）より低位である（図表115）。

先に1（3）で我が国の水道事業者の利益率を比較した場合、「受水」を主たる水源とする末端給水事業者の利益率が他のカテゴリーの利益率と比較して目立って低かったが、都・政令市に限っても同じ結果となった。

都・政令市に関しても、「受水」を主たる水源とする事業者は、責任供給制（実際の使用量とは関係なくあらかじめ契約水量（責任水量）が決まる方式）により、給水人口の減少等による末端給水量減少のため責任水量と実際の用水供給量との間に乖離が生じ、用水供給事業者に支払う受水費に見合う水準の料金収入を確保できていない可能性等が考えられる。

図表115　都・政令市の水道事業者の経営状況

＜供給単価別＞

	供給単価上位（6団体）	供給単価中位（6団体）	供給単価下位（7団体）
給水人口（人）	3,421,790	1,975,957	950,712
給水人口1人当たり給水収益（円）	20,746	18,290	15,455
10㎥当たり料金（円）（口径13mm）	1,216	1,001	1,003
供給単価（円/㎥）	203.4	164.7	142.0
供給単価－給水費用（円/㎥）	18.2	14.8	3.4
1㎥当たりの経常損益（円/㎥）	36.4	26.5	17.4
年間総有収水量（千㎥）	365,947	222,940	103,091
年間総配水量（千㎥）	384,194	244,022	112,655
有収率	94.5%	91.0%	91.5%
総職員数（人）	1,024	925	369
職員1人当たり給水人口（人）	3,568	2,958	3,582
平均年齢	44.7	45.2	45.6

＜主な水源別＞

	受水	ダム・表流水他
給水人口（人）	1,525,593	2,363,526
給水人口1人当たり給水収益（円）	18,108	17,970
10㎥当たり料金（円）（口径13mm）	1,102	1,051
供給単価（円/㎥）	171.6	166.8
供給単価－給水費用（円/㎥）	3.6	16.4
1㎥当たりの経常損益（円/㎥）	22.5	28.5
年間総有収水量（千㎥）	160,652	260,866
年間総配水量（千㎥）	173,370	278,692
有収率	93.0%	91.9%
総職員数（人）	574	854
職員1人当たり給水人口（人）	3,869	3,096
平均年齢	45.6	44.9

【損益計算書】

	金額（百万円）	比率（%）	金額（百万円）	比率（%）	金額（百万円）	比率（%）
営業収益	78,872	100.0	39,410	100.0	16,169	100.0
給水収益	72,521	91.9	36,745	93.2	14,781	91.4
経常費用	72,970	92.5	36,568	92.8	16,407	101.5
給水費用	72,536	92.0	35,871	91.0	16,034	99.2
職員給与費	7,853	10.0	6,938	17.6	2,569	15.9
支払利息	2,495	3.2	2,222	5.6	1,010	6.2
減価償却費	18,765	23.8	11,285	28.6	5,522	34.1
動力費	2,909	3.7	1,282	3.3	502	3.1
光熱水費	184	0.2	101	0.3	24	0.1
通信運搬費	538	0.7	229	0.6	78	0.5
修繕費	17,652	22.4	1,895	4.8	1,193	7.4
材料費	415	0.5	206	0.5	79	0.5
薬品費	465	0.6	259	0.7	95	0.6
路面復旧費	210	0.3	594	1.5	62	0.4
委託料	10,811	13.7	2,999	7.6	1,326	8.2
受水費	5,015	6.4	3,708	9.4	2,265	14.0
負担金	217	0.3	453	1.2	276	1.7
その他	5,010	6.4	3,702	9.4	1,036	6.4
給水損益	▲15	▲0.0	873	2.2	▲1,253	▲7.8
営業外収益	4,964	6.3	2,881	7.3	1,917	11.9
経常損益	10,866	13.8	5,724	14.5	1,680	10.4
純損益	10,528	13.3	6,083	15.4	1,664	10.3

【損益計算書】

	金額（百万円）	比率（%）	金額（百万円）	比率（%）
営業収益	30,090	100.0	51,021	100.0
給水収益	27,683	92.0	47,107	92.3
経常費用	29,710	98.7	47,008	92.1
給水費用	29,214	97.1	46,516	91.2
職員給与費	4,168	13.9	6,463	12.7
支払利息	1,331	4.4	2,172	4.3
減価償却費	7,928	26.3	13,621	26.7
動力費	671	2.2	1,997	3.9
光熱水費	61	0.2	120	0.2
通信運搬費	147	0.5	343	0.7
修繕費	1,991	6.6	9,308	18.2
材料費	116	0.4	289	0.6
薬品費	128	0.4	342	0.7
路面復旧費	133	0.4	360	0.7
委託料	2,223	7.4	6,382	12.5
受水費	8,250	27.4	870	1.7
負担金	328	1.1	305	0.6
その他	1,741	5.8	3,945	7.7
給水損益	▲1,531	▲5.1	591	1.2
営業外収益	3,406	11.3	3,054	6.0
経常損益	3,785	12.6	7,067	13.9
純損益	3,875	12.9	7,016	13.8

出典：総務省「2015年度地方公営企業年鑑」を基に日本政策投資銀行作成

2 給水人口減少と水道事業経営

人口減少（給水人口の減少）は有収水量の減少をもたらし、水道事業者の給水収益の減少に繋がる。2012年度の給水人口指数と給水収益指数（いずれも2007年度を100として算出）の相関関係を求めると、相関係数は0.76（決定係数は0.58）となる。給水人口の増減と給水収益の増減との間には強い相関関係が認められる（図表116）。

図表116　給水人口の増減と給水収益の増減との関係

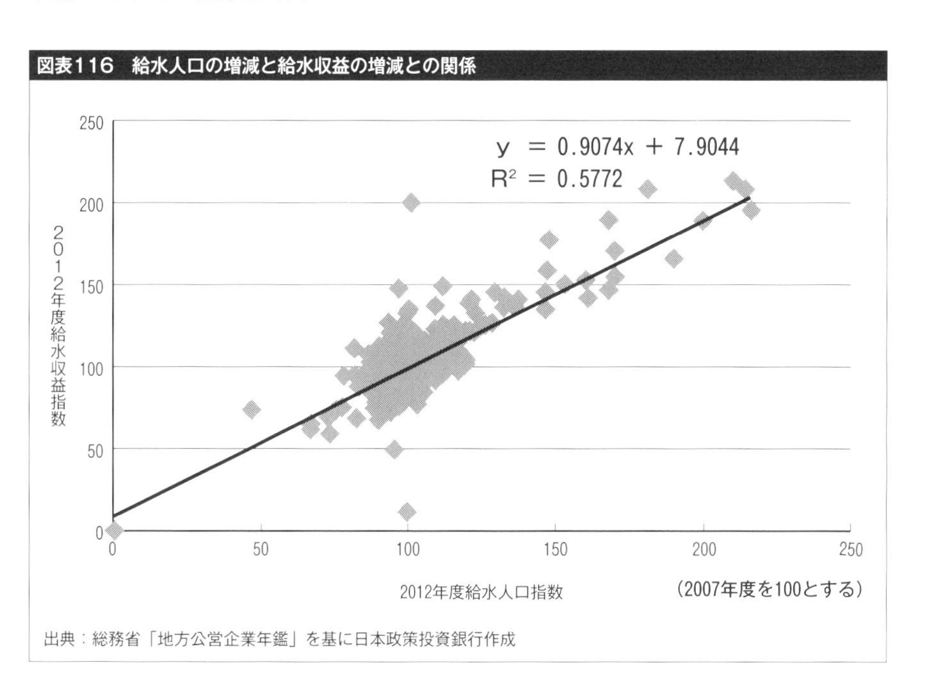

出典：総務省「地方公営企業年鑑」を基に日本政策投資銀行作成

それでは、給水人口の増減と給水事業のコストの増減（給水費用の増減）との間には相関関係が認められるであろうか。給水人口の増減（2007年度→2012年度）と給水費用の増減（同左。以下省略）との相関係数は0.62であり、両者の間には一定の相関関係が認められる。すなわち、給水人口が減少すると、コスト全体（給水費用）も減少すると言える（図表117）。

図表117　給水人口の増減と各費用科目との相関係数

給水費用
0.62

給水人口の増減と給水費用：
緩やかな相関関係が認められる

【給水人口と各費用科目の相関係数】

職員給与費	支払利息	減価償却費	動力費	光熱水費	通信運搬費
0.35	0.13	0.26	0.15	0.04	0.24
修繕費	**材料費**	**薬品費**	**路面復旧費**	**委託料**	**受水費**
0.05	0.03	0.03	▲0.01	0.17	0.08

給水人口の増減と給水費用の各費用科目の増減の間で
相関関係の認められる費用は存しない

出典：総務省「地方公営企業年鑑」を基に日本政策投資銀行作成

それでは、給水人口が増減、とりわけ減少した場合、給水事業者はどの費用科目に該当するコストを削減（またはコストが減少）しているのであろうか。給水人口の増減と各費用科目との相関関係を調べたところ、給水人口の増減と一定の相関関係が明確にあると言える費用科目はなく、給水人口が減少した際、給水費用の中でどの費用科目が減少するかは事業者によって異なる（図表117）。すなわち、給水人口が減少しても、事業者が具体的に削減する（あるいは減少する）費用は事業者によってまちまちであり、特定した費用科目は認められないということになる。

次に、給水人口の増減と給水損益（利益）の間に相関関係は認められるであろうか。給水人口の増減と給水収益（収入）との間には強い相関関係が認められること、給水人口の増減と給水費用（費用全体）との間には相応の相関関係が認められることから、給水人口の増減と、給水収益（収入）から給水費用（費用全体）を差し引いた給水損益（利益水準）との間の相関関係の有無が問題となる。

2007年度から2012年度までに、給水人口が増加した事業者、給水人口の減少が5%未満の事業者、給水人口の減少が5%以上の事業者のいずれのカテゴリーにおいても、増益となった事業者の割合も、減益幅が50%未満の事業者の割合も、減益幅が50%以上の事業者の割合も大きな違いは認められなかった（図表118）。したがって、給水人口の増減と「給水損益」（給水収入－給水費用）の増減の間には相関関係は認められないと考えられる。

図表118　給水人口の増減と給水損益（増減益）との関係

2007年度→ 2012年度	増益		減益幅 50%未満		減益幅 50%以上		2007赤字 2012黒字		2012赤字		総計	
人口増	72	17.7%	45	11.1%	25	6.2%	43	10.6%	221	54.4%	406	100.0%
人口減5%未満	112	20.7%	50	9.3%	48	8.9%	94	17.4%	236	43.7%	540	100.0%
人口減5%以上	52	16.0%	31	9.5%	26	8.0%	47	14.5%	169	52.0%	325	100.0%
総計	236	18.6%	126	9.9%	99	7.8%	184	14.5%	626	49.3%	1,271	100.0%

出典：総務省「地方公営企業年鑑」を基に日本政策投資銀行作成

以上をまとめると、給水人口の増減と給水収益の増減の間には強い相関関係があり、給水人口の増減と給水費用の増減の間にも相応の相関関係が認められるものの、給水人口の増減と給水損益の間には相関関係が認められないことに加え、給水人口の増減と個別費用項目の間にも相関関係が認められないと考えられる。

それでは、給水人口が減少した事業者は、どのような手だてで黒字を確保し、経営を維持しているのであろうか。

2007年度から2012年度の間に人口が増加した事業者および人口減少が5%未満にとどまった事業者の中で、水道料金（家庭用水使用量10㎥当たりの料金［口径13㎜］）の値上げを行った事業者はそれぞれ17.8%にとどまるものの、人口減少が5%以上の事業者のうち水道料金の値上げを行った事業者は実に51.1%に上る（図表119）。

図表119　給水人口の増減と料金値上げ

2007年度→ 2012年度	値上げ		総計	
人口増	72	17.8%	405	100.0%
人口減5%未満	96	17.8%	540	100.0%
人口減5%以上	166	51.1%	325	100.0%
総計	334	26.3%	1,270	100.0%

※2012年度と2007年度の比較が可能である末端供給事業者1,270社での比較

出典：総務省「地方公営企業年鑑」を基に日本政策投資銀行作成

過去5年間で大幅に給水人口が減少した事業者、具体的には5年間で5%以上の人口減少が見られる事業者は、エンドユーザーに対する水道料金の値上げにより損益の改善を図り経営を維持していることがうかがえる。

補章 2

公営水道事業者への
アンケート調査結果と考察
（広域化を中心に）

DBJは、我が国の公営水道事業者の現状および経営課題について事業者がどのように認識しているのかを把握するために、給水人口1.5万人以上の末端給水事業者およびすべての用水供給事業者全1,024事業者を対象に、㈱共同通信社に委託してアンケート調査を実施した。アンケート調査の概要、回答者の属性およびアンケートの質問事項は次の通りである。

＜アンケート調査の概要＞

- 調 査 方 法：調査用紙の郵送・回収およびインターネットによる回答
- 実 施 時 期：2014年12月24日～2015年2月6日
- 調 査 対 象：地方公営企業1,024事業者（※）

（※）用水供給事業者および給水人口1.5万人以上の末端給水事業者を対象

- 有効回答数：605（末端給水・用水供給兼業の4事業者を含む）
- 回　収　率：59.1%
- 調査受託会社：㈱共同通信社

図表120　回答者の属性

		末端給水事業								用水供給事業	合計
		主な水源がダム		主な水源が受水		主な水源が表流水（ダムを除く）		その他（地下水、伏流水等）			
東京都		1									1
政令市		18									18
給水人口（万人）	30～	6	54.5%	19	86.4%	10	90.9%	3	100.0%		38
	15～30	5	71.4%	22	64.7%	13	76.5%	16	76.2%		56
	10～15	5	71.4%	25	61.0%	8	57.1%	15	60.0%		53
	5～10	16	72.7%	58	59.8%	16	64.0%	43	55.8%		133
	3～5	9	60.0%	39	58.2%	10	58.8%	65	62.5%		123
	1.5～3	8	100.0%	38	55.9%	33	70.2%	67	48.6%		146
小計（都・政令市以外）		49	70.0%	201	61.1%	90	68.7%	209	56.8%	37	586
合計		568								37	605

※割合は、各区分ごとの回答率を表している

図表121　アンケートの質問事項

分類	No.	設問
1.貴事業の概要	1	貴事業の所在地（都道府県）
	2	貴事業の事業種別
	3	貴事業の給水人口規模
2.ガバナンス	4	常勤の役員の人数（単位：名）
	5	中期または長期経営計画はありますか
	6	（5問で「ある」と回答された方に）経営目標について（自由記載）
3.料金	7	有収水量に占める業務用の割合（単位：%）
	8	周辺自治体や同規模の自治体と比較して料金水準はどうであると思いますか（一つのみ回答）
	9	貴事業の料金水準が前問の通りとなっている要因は何だと思われますか（自由記載）
	10	10年後（2025年頃）にはどの程度の値上げが必要だと思いますか
	11	料金体系の特徴について（自由記載）
4.経営課題（10年後(2025年頃)程度を想定してご回答下さい）	12	今後の事業継続の中で課題と思われる事項は何でしょうか（複数回答可）
	13	前問でご回答いただいた中でもっとも課題であると思われる事項はどれでしょうか（一つのみ回答）
	14	経営課題を解決するために有効と思われる施策はどれですか（複数回答可）
4-1.技術的人材	15	今後、技術的人材は不足すると思われますか
	16	（15問で「思う」と回答された方に）何年後に技術的人材が不足すると予想されますか（一つのみ回答）
	17	（15問で「思う」と回答された方に）技術的人材の不足への対応策としてどのような施策を想定されていますか（複数回答可）
4-2.民間等への業務委託	18	給水費用に占める委託料の割合はどのくらいですか（単位：%）
	19	今後、更なる業務委託（個別委託）を検討している分野（複数回答可）
	20	民間等への包括委託（複数業務）の状況について
	21	（20問で「現在行っている」と回答された方に）どのような業務を包括委託されていますか（複数回答可）
	22	民間事業者への第三者委託の状況
	23	（22問で「現在行っている」または「行ったことはないが、今後実施する予定がある」と回答された方に）第三者委託を実施あるいは実施を予定されている理由について（複数回答可）
	24	（22問で「現在行っている」または「行ったことはないが、今後実施する予定がある」と回答された方に）海外事業者への第三者委託に対する考え方について（自由記載）
	25	（22問で「過去行っていたが現在は行っていない」または「行ったことはないし、今後も実施する予定はない」と回答された方に）第三者委託を実施しない理由／またはやめた理由は何ですか。（複数回答可）

4-3. 水道広域化	26	水道広域化（事業統合、経営の一体化、管理の一体化、施設の共同化を含む広義の広域化）の検討状況
	27	（26問で「実施済み」または「検討中」と回答された方に）水道広域化（同上）の検討に至った理由（複数回答可）
	28	（26問で「実施済み」または「検討中」と回答された方に）実施した、または検討している広域化の形態（複数回答可）
	29	（26問で「実施済み」または「検討中」と回答された方に）統合のメリット
	30	事業統合等水道広域化の必要性はあると思いますか
	31	（30問で「あると思う」と回答された方に）水道広域化が必要であると思う理由（複数回答可）
	32	（30問で「ないと思う」と回答された方に）水道広域化の必要性がないと思う理由（複数回答可）
	33	（30問で「あると思う」と回答された方に）水道広域化を導入する場合、どの形態が望ましいですか（複数回答可）
	34	（30問で「あると思う」と回答された方に）水道広域化を導入する場合、どのような主体が中心となることが好ましいと考えますか（複数回答可）
	35	（30問で「あると思う」と回答された方に）水道広域化する相手先としてどのような事業体が望ましいと考えていますか（複数回答可）
	36	（30問で「あると思う」と回答された方に）水道広域化を進める際の課題（複数回答可）
	37	（30問で「あると思う」と回答された方に）水道広域化を進める際の必要な方策（複数回答可）
	38	他自治体との連絡管による既存水道システムの連結による施設の再構築に取り組んでいますか
4-4. 更新投資	39	現時点における資産の把握の状況（目算）
	40	償却資産を施設（浄水場等）と管路（配水管等）に分けた場合、減価償却費に占める管路部分の割合（%）
	41	更新投資のピークは何年後にくると想定されていますか
	42	現有設備（管路）のうち、今後も維持更新すべきと考えられる設備の目安
	43	管路を廃止した際の代替措置等について（自由記載）
4-5. 耐震化	44	耐震化投資の方針は策定されていますか
	45	浄水場の耐震化はどの程度進捗していますか（単位：%）
	46	今後の浄水場の耐震化の方針はどのようなものですか（自由記載）
	47	配水池の耐震化はどの程度進捗していますか（単位：%）
	48	今後の配水池の耐震化の方針はどのようなものですか（自由記載）
	49	配水管の耐震化はどの程度進捗していますか（単位：%）
	50	今後の配水管の耐震化の方針はどのようなものですか（自由記載）
4-6. 自由回答欄	51	その他、経営課題等につきご自由にご記載ください

図表122　アンケート結果分析における視点

No.	視点	注釈
①	給水人口規模別	「給水人口規模について」 ・「用水供給事業者」および「都・政令市」、（都・政令市以外を除く末端給水事業者については給水人口規模ごとに）「30万人以上」、「15～30万人」、「10～15万人」、「5～10万人」、「3～5万人」、「1.5～3万人」で区分している。 ※末端給水事業者：一般家庭等の蛇口に水道水を供給する事業者 ※用水供給事業者：末端給水事業者に水道用水（浄水処理したもの）を供給する事業者
②	主な水源別	「主な水源について」 ・「用水供給事業者」、「都・政令市」、「ダム」、「受水」、「表流水」、「その他」で区分している。 ※ダム：ダムを主な水源とする事業 ※受水：受水を主な水源とする事業 ※表流水：表流水（河川の地表上を流れている水（ダムを除く。））を主な水源とする事業 ※その他：その他（地下水（地表面の下を流れている水）、伏流水（河川の底に形成されている砂利層の内部を流れている水）等）を主な水源とする事業
③	将来人口動態別	「推計人口について」 ・2010年の総人口を100としたときの2040年推計人口の指数を「90以上」、「90～80」、「80～70」、「70未満」で区分している。 ※「日本の地域別将来推計人口（2013年3月推計）」（国立社会保障・人口問題研究所）の数値を使用。 ※企業団等の市町村とエリアが一致しない事業者は対象外としている。（対象：549事業者）
④	過去5年給水人口動態別	「給水人口について」 ・公営企業年鑑の数値で比較し、2007年の給水人口を100としたときの2012年の給水人口の指数を「▲ 5%以上」、「▲ 5%未満」、「増加」で区分している。
⑤	ROA別	「本資料におけるROAについて」 ・「1%以上」、「1%～0.5%」、「0.5%～0%」、「0%未満」で区分している。 ※ROA＝経常利益／総資産×100 ※経常利益＝（営業収益＋営業外収益）－（営業費用＋営業外費用）－（国・県補助金＋一般会計操出金等）
⑥	経常利益率別	「本資料における経常利益率について」 ・「10%以上」、「10%～5%」、「5%～0%」、「0%未満」で区分している。 ※経常利益率＝経常利益／営業収益×100 ※経常利益＝（営業収益＋営業外収益）－（営業費用＋営業外費用）－（国・県補助金＋一般会計操出金等）
⑦	供給単価別	「供給単価について」 ・「210円以上」、「210円～180円」、「180円～150円」、「150円～120円」、「120円未満」で区分している。 ※2012年度末現在の1㎥当たりの供給単価（料金収入／有収水量）を比較した。 ※有収水量：料金徴収の対象となる水量
⑧	最大稼働率別	「最大稼働率について」 ・「85%以上」、「85%～75%」、「75%～65%」、「65%未満」で区分している。 ※最大稼働率＝1日最大配水量／1日配水能力×100 ※1日最大配水量：1年間でもっとも多くの水が送られた日の水量 ※1日配水能力：浄水場で1日に浄水処理できる水量
⑨	配水管使用効率別	「配水管使用効率について」 ・「25以上」、「25～20」、「20～15」、「15未満」で区分している。 ※配水管使用効率＝年間総配水量／導送配水管延長（㎥/m） ※導・送・配水管の敷設延長に対する年間総配水量の割合であり、給水区域内における人口密度の影響を受ける。

1　アンケート結果の概要

アンケート結果の分析を行った結果、以下のような結論（概要）に至った。

（1）水道料金

給水人口規模が小さいほど、将来人口の減少が見込まれるほど、また、配水管使用効率が低いほど、水道事業者自身は自らの水道料金が相対的に高いと認識する傾向にあることがうかがえた。

また、供給単価別に見ても、供給単価の高い（水道料金の高い）事業者ほど自らの水道料金の水準を高いと回答する割合が高く、給水人口規模や人口密度等事業者の置かれた条件を反映した供給単価（水道料金）の水準が、水道事業者の料金水準に対する認識にある程度反映されているものと思われる。

（2）経営課題

全回答者のうち、94.4%が「設備の老朽化･更新投資」を、81.2%が「給水人口の減少」を経営課題として認識している。とりわけ、回答者の50.1%が「設備の老朽化･更新投資」を最大の課題であると認識している。

また、経営課題の解決策として、69.6%の事業者が「利用料金の適正な値上げ」を挙げており、その中でも42.3%の事業者が「国、県や他会計からの補助金・負担金」を挙げていることから、補助金･一般会計負担金を経営課題の有効な解決策と考える事業者が多い実態がうかがえた。

とりわけ、ダムを主たる水源とする事業者や用水供給事業者等、大規模水源施設等を有する事業者に補助金･一般会計負担金等を経営課題の有効な解決策と考える事業者が多い。また、将来人口の減少が見込まれる事業者は、「利用料金の適正な値上げ」を解決策と考える傾向にある。

一方、経営課題の解決策として「事業統合等広域化」を挙げる事業者は

31.4%にとどまっている。

（3）技術的人材

全回答者のうち、86.8%が今後、「技術的人材は不足する」と考えている。うち、46.7%が「現時点で既に不足している」と回答し、「5年以内に不足する」と回答した事業者も19.8%に及ぶ。また、技術的人材不足への対応策として「人材の新規雇用・育成」を挙げた事業者が68.6%に及ぶ。

（4）民間等への業務委託

給水人口の多い地方公共団体ほど包括委託を実施している状況がうかがえた（給水人口30万人以上：50.0%、給水人口1.5万人以上3万人未満：18.5%）。

また、第三者委託を「現在実施中」の事業者は14.0%、「今後実施予定」の事業者は7.1%に過ぎず、実施予定の事業者については、比較的給水人口規模の小さい事業者に多い。

第三者委託を実施する予定のない事業者は、その理由として、比較的給水人口規模の大きい事業者は、「事故・災害時への対応への不安」、「職員の技術力低下への懸念」を挙げる事業者が多いのに対し、給水人口規模の小さい事業者は、「コスト削減効果への疑問」、「情報不足」、「適当な委託先がない」を挙げる事業者が多い。

（5）水道広域化（広義）の実施状況

広義の広域化とは「新たな広域化」のこと、すなわち「事業統合」に加え、「経営の一体化」、「管理の一体化」、「施設の共同化」を含めた広域化を指す。

＜広域化の実施･検討状況＞

広域化（広義）を「実施済み」の事業者は全回答者の7.9%、「検討中」の事業者は全回答者の27.1%である。とりわけ、給水人口規模の小さい事業者は「広域化の検討を行っていない」事業者が多い（給水人口1.5万人以上3万人未満：74.0%、同3万人以上5万人未満：76.4%）。

受水を主たる水源とする事業者（41.5%）および用水供給事業者（43.2%）で広域化（広義）を検討中の事業者の割合が比較的高い。また、将来人口の減少が予想されるほど、広域化を検討していない事業者が多く、将来の人口減少に備え、本来広域化を検討すべき事業者が広域化の検討を行っていない実態がうかがえた。

＜実施·検討中の形態＞

広域化を「実施済み」または「検討中」の事業者のうち、「垂直統合」を実施または検討する事業者は、受水を主たる水源とする事業者の40.9%、用水供給事業者の36.4%に及ぶことから、受水を主たる水源とする事業者と用水供給事業者においては、両者の「垂直統合」が合理的であるとの認識が相応にあることがうかがえた。

（6）広域化の必要性

＜広域化の必要性＞

「広域化（広義）の必要性がある」と考える事業者は、全回答者の61.5%を占める。給水人口規模の大小に関わらず、6割前後の事業者が「広域化（広義）の必要性がある」と回答している。

将来人口が減少すると予想される事業者ほど、「広域化の必要性がない」と回答した事業者が比較的多い。

補助金・一般会計負担金を控除したROA（総資本利益率）または経常利益率がマイナスの事業者は、「広域化の必要性がある」と回答した事業者が7割を超える。将来人口の減少が予想される等広域化の必要性が高いと考えられる事業者でも、半数近くが広域化の必要性を認識していない実態がうかがえた。

しかし、補助金・一般会計負担金等を控除した経常損益が赤字になる等厳しい経営状況に陥ると、広域化検討の必要性を認識する割合が高くなる傾向にある。

<広域化が必要であると考える理由>

広域化の必要性がある理由として、72.6%の事業者が「施設の統廃合・効率的な更新」を挙げる。狭義の広域化（事業統合）による施設の効率化を広域化における最大のメリットとして挙げる事業者が多い。

<望ましい広域化の形態>

受水を主たる水源とする末端給水事業者と用水供給事業者は、広域化（広義）の必要があると考える事業者が7割を超える。また、「必要がある」と回答した事業者のうち、用水供給事業者の77.8%、受水を主たる水源とする事業者の59.5%が「垂直統合」が望ましいと考えている（全回答者平均：47.6%）。用水供給事業者と受水を主たる水源とする事業者においては、両者の「垂直統合」が合理的であるとの認識が相応にあることがうかがえた。

<広域化の中心として好ましい主体>

給水人口規模の大きな末端給水事業者は、広域化の際、「県営用水供給事業者」が中心となるのが好ましいと回答する事業者が多い。反面、給水人口規模の小さな末端給水事業者は、「広域企業団（末端）」が中心となるのが好ましいと回答する事業者が多い。

受水を主たる水源とする事業者は、広域化の中心として好ましい事業者として、「県営用水供給事業者」（49.3%）、「都道府県営以外の広域企業団等用水供給事業者」（32.4%）を挙げる事業者が多い。

一方で、用水供給事業者は、「広域企業団（末端）」（44.4%）、「政令市等規模

の大きな末端給水事業者」(44.4%)が中心として好ましいと回答する事業者が多い。

<広域化の望ましい相手方>

受水を主たる水源とする事業者が広域化の相手方として望ましいとする事業者は、「県営用水供給事業者」(40.5%)、「広域企業団等用水供給事業者」(31.8%)となっており、用水供給事業者が望ましいと考える事業者が多い。

<広域化の課題>

広域化の課題としては、79.3%の事業者が「料金格差」を、次いで「財政状況の格差」(57.3%)、「住民·議会等の理解」(53.2%)、「施設整備水準の格差」(50.5%)を挙げている。

給水人口規模が大きい地方公共団体の事業者は、「財政状況の格差」や「施設整備水準の格差」が課題であると回答する割合が高い。とりわけ都·政令市は、「施設整備水準の格差」、「料金格差」、「財政状況の格差」、「給水サービスの格差」といった他の事業者との格差が広域化の課題であると回答している。用水供給事業者も、「施設整備水準の格差」、「財政状況の格差」といった事業者間格差が広域化の課題であると考えている。

配水管使用効率が高いほど、「料金格差」、「施設整備水準の格差」といった事業者間格差が広域化の課題であると回答している。

<広域化の実現に必要な方策>

必要な方策としては、「財政措置の拡充」を求める事業者が全体の71.5%となっている。また、将来人口の減少が予測される事業者ほど、「財政措置の拡充」、「手引き等の整備」を求める事業者が多い。

<広域化が不要とする理由>

給水人口規模の小さい事業者、将来人口の減少の見込まれる事業者、供給単価の高い事業者、配水管使用効率の低い事業者等条件が不利な事業者は、「広域化する相手先が見当たらない」との回答が比較的多い（給水人口3万人以上5万人未満：18.4%、給水人口1.5万人以上3万人未満：12.5%）。

（7）耐震化への対応

耐震化投資の方針策定は42.8%にとどまり、半数超の事業者が未策定の状況にある。給水人口規模別では、給水人口規模の大きい事業者ほど耐震化投資の方針を策定しており、都･政令市では94.7%の事業者が策定を行っているのに対し、給水人口1.5万人以上3万人未満の事業者は17.8%の策定にとどまる。

また、用水供給事業者の67.6%が策定しているのに対し、その他を主たる水源とする事業者の策定は29.2%にとどまる。

将来人口の減少が予想される事業者、補助金・一般会計操出金等控除後のROAがマイナスの事業者、配水管使用効率の低い事業者といった経営に余裕がないと思われる事業者は、耐震化投資の方針策定を行っていない事業者が多い。

次に、上記のアンケート調査結果に、公営事業者や外部有識者へのヒアリング等も踏まえ、広域化を実施する際のメリットや課題等について考察してみたい。

2 広域化のメリット

今回実施した事業者アンケート調査によると、給水人口規模の大小に関わらず、6割前後の事業者（全回答者の61.5%）が広域化（広義）の必要があると回答している。

それでは、広域化のメリットとしては具体的にどのようなものがあるだろうか。一般的に企業等が統合する場合、スケールメリットが生じるとされるが、水道事業広域化にはどのようなスケールメリットがあるのだろうか。また、水道事業広域化のメリットは単なるスケールメリットにとどまるのであろうか。今回実施した事業者ヒアリング等を踏まえ、広域化の中でももっともメリットが大きいと考えられる事業統合によるメリットを中心にまとめてみた（図表123）。

図表123　広域化のメリット

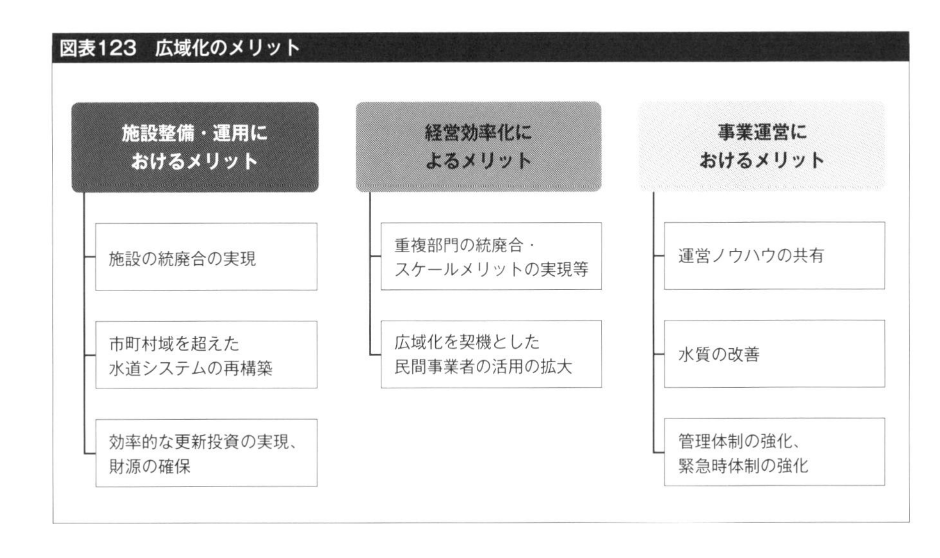

（1）施設整備・運用におけるメリット

①施設の統廃合の実現

複数の事業者が事業を統合することにより、重複する施設の統廃合や、非効率な施設の廃止を実現することができる。実際、広域化を実現した事業者の多くが、本部機能やサービスセンターといった管理部門にとどまらず、取水施設や浄水場といった基幹施設の統廃合による施設の削減を実現している。

重複施設の統廃合や非効率な施設の廃止は、将来の維持更新投資の削減や、減価償却費の削減、および人件費をはじめとする運営経費の削減をもたらす。

今回実施した事業者アンケート調査でも、広域化（広義）を実施済みまたは検討中の事業者のうち、半数以上の54.2%が「施設の統廃合・効率的な更新」を広域化（広義）の検討に至った理由として挙げている。また、広域化（広義）の必要性があると考える事業者のうち、72.6%がその理由として「施設の統廃合・効率的な更新」を挙げている。

②市町村域を超えた水道システムの再構築

複数の事業者が広域化を計画する際、これまでの市町村の枠を超えて原水や配水の相互融通を検討することで、水源から給水に至るまでの水道システムを抜本的に見直し、より効率的かつ安全な水道システムの再構築を実現することが可能である。この点が、経済面でも安全面でももっとも大きな広域化の効果であると言える。

具体的には以下のような事例がある。

（事例1）

事業統合に伴い、水質や安定性に問題のある水源（地下水）をすべて廃止し、統合相手の表流水や用水供給に水源を切り替える。また、統合浄水場を新設することで、非効率で能力の低い既存浄水場を廃止する。

（事例2）

市町村間を配水管等配水設備で結ぶことで旧来の市町村域を超え、もっとも効率的な配水を実現する。具体的には、標高差を活用した配水を最大限活用すること等によりコスト削減を実現する。

③効率的な更新・財源の確保

施設の統廃合や水道システムの再構築によるスケールメリットの実現により、個々の事業者がそれぞれ単独で維持更新投資を行う場合と比べ、広域化を実施したケースの方が長期的に見ると将来の更新投資を削減することができる。結果として全体で見た場合、大幅な財政負担の削減が可能となる。

（参考）生活基盤施設耐震化等交付金

広域化を実施する際、短中期的に設備投資等の負担が増えるため、問題となるのが財源の捻出である。今回実施した事業者アンケート調査からも、広域化のもたらす長期的なメリットに関しては、ある程度事業者に認識されているものの、財源的な制約等により広域化の検討を行っていない事業者が多いものと推察される。

厚生労働省は2010年度より国庫補助制度として「水道広域化促進事業」を創設し、広域化の被統合事業者（統合先）および統合事業者（統合元）が行う水道施設整備費（更新等）の1/3を上限として財政支援を行ってきた。
「水道広域化促進事業」は、2015年度より改変され、都道府県が取りまとめた広域化等に関する事業計画に基づき、広域化等に要する水道施設整備費（更新等）の一部を交付する「生活基盤施設耐震化等交付金」が新設された。

（2）経営効率化によるメリット

①重複部門の統廃合やスケールメリットによる運営コストの削減

複数の水道事業者が広域化することに伴い、本部機能やサービスセンターといった管理部門を中心とする重複部門の統廃合を実施することにより、職員や事業所数が削減され、運営コストを削減することが可能となる。また、広域化により事業規模が拡大することに伴い、原材料調達や工事発注等といった面でもスケールメリットを実現し、運営コストを削減することが可能となる。

今回実施した事業者アンケート調査でも、広域化（広義）を実施済みまたは検討中の事業者のうち、もっとも多い51.4%が「運営コストの削減」を広域化（広義）のメリットとして挙げている。

②広域化を契機とする民間事業者の活用等の拡大による経営効率化

広域化を計画する事業者に対するヒアリング調査をはじめとする広域化のケーススタディを行ったところ、広域化を契機に民間事業者の活用等（官民連携（PPP））を拡大することで、人件費を中心としたコスト削減を実現する事業者も多く見られた。

ただし、今回実施した事業者アンケート調査では、経営課題の解決策として「従来型業務委託の推進」を挙げる事業者は、全回答者の12.7%、「第三者委託」を挙げる事業者は同15.2%、「PFI・コンセッション」を挙げる事業者は同5.1%にとどまることから、広域化の際に民間事業者の活用（官民連携（PPP））を拡大し、統合効果の最大化を実現することを計画する事業者は現時点では少数にとどまるものと推察される。

（3）事業運営におけるメリット

①ノウハウ（技術面を含む）の共有

水道事業者は職員の高齢化が進み、とりわけ技術的人材が不足する傾向にある。この傾向は給水人口規模の小さい事業者ほど顕著である。

今回実施した事業者アンケート調査でも、今後、「技術的人材が不足すると思う」と回答した事業者が86.8%に達する。うち、「現時点で既に不足している」と回答した事業者が46.7%、5年以内に不足すると予想する事業者が19.8%

に及ぶ。

事業統合等広域化により複数の事業者の人材を「共有」することにより、効率的な人的資源の活用が可能となり、技術的人材不足への対応力が高まる。

例えば、大規模水道事業者と小規模水道事業者が事業統合を行う場合、大規模水道事業者の有する水道事業運営に関する技術面を含むさまざまなノウハウが小規模事業における運用にも活用されることになり、より広範囲で水道の持続的な運営を図ることが可能となる。

②水質の改善

事業統合等広域化に伴うノウハウの共有によって事業運営能力が強化されることにより、水質の改善が図られる。とりわけ施設の統廃合や水道システムの再構築を伴う場合は、衛生面等安全面で問題のある水源や技術水準の低い老朽化した浄水場等を廃止し、水質の良い水源やより技術水準の高い浄水場の活用に切り替えることで、抜本的な水質の改善を実現するケースも多い。

③管理体制の強化、緊急時体制の強化

事業統合等広域化により組織規模が拡大することで、管理体制や緊急時体制の充実が図られる。とりわけ小規模事業者の場合は、組織規模の拡大による管理体制や緊急時体制強化のメリットが大きい。

また、事業統合により、従来は異なる事業体であった隣接エリアの水源や浄水場と管路で一体化することにより、設備面でも緊急時における代替水源や管路の確保が可能となるといったメリットが生じる。

3 広域化実現へ向けたハードル

以上のように、広域化は、施設整備・運用、経営効率化、事業運営といった点でメリットがある。とりわけ施設整備・運用に関するメリットは、広域化の中でも事業統合を実施した場合においてもっとも顕在化する。

一方、経営課題の解決策として広域化を挙げる事業者は、今回実施した事業者アンケート調査では31.4%にとどまる。また、広域化を実施済みの事業者は全回答者の7.9%、検討中の事業者も27.1%にとどまっており、抜本的対応策としての広域化の必要性は広く認識されているものの、実現へ向けたハードルがある現状が推察される。

それでは、水道事業者が事業統合を中心とする広域化を検討する場合、どのような点がハードルとなっているであろうか。事業者に対するヒアリング調査等も踏まえ、重要と思われる以下の諸点についてまとめてみた（図表124）。

（1）地理的なハードル

①地理的条件による制約

水道事業者の有する水源や浄水場の標高、事業者間での浄水場の近接性等水道事業者の置かれた地理的条件によって、広域化の実現が制約を受けるケースがある。

例えば、標高の低いところに位置する水源や浄水場は、それより標高の高いところに位置する給水区域への送水・給配水には標高差が活用できないことから、広域化によってエリアを超えた活用を計画することが比較的困難となる。

また、事業者間で水源や浄水場が地理的に離れている場合も、お互いに水源や浄水場等を活用することが困難であり、水道システムの再構築の計画が難しいケースがある。

今回実施した事業者アンケート調査では、「広域化の必要があるとは思わない」と回答した事業者（36.4%）にその理由を質問したところ、「広域化する相手先が見当たらない」と回答した事業者の割合が配水管使用効率の低い事業者（15未満）で高くなる傾向が見られる。配水管使用効率の低い事業者は比較的人口密度の低いエリアに存することが推察されることから、地理的条件における制約により広域化を行う相手方がなかなか見つからないことが背景にあるものと思われる。

②流域が異なる事業者間の事業統合

流域が異なる場合は、地理的に水の融通が困難であり、施設整備面とりわけ水道システムの再構築といった点で事業統合のメリットを見いだせないことが多い。

とりわけ、河川法上、水利権は河川ごとに定められている。たとえ事業統合を行ったとしても、現時点で当該基礎自治体が水利権を有しない河川から水の融通を計画するには、水源管理者（国土交通省または都道府県）および水源の位置する地方公共団体、厚生労働省等の許可ないし同意が必要となることから、当事者間の調整、手続き等が非常に煩雑となるケースがある。

（2）地域間格差

①料金格差

我が国の水道料金は、総括原価主義にのっとり事業者ごとに定められる。そのため、主に原価の違いを要因として、水道料金は事業者ごとに大きな格差がある。もっとも水道料金（供給単価）の高い水道事業者ともっとも低い水道事業者との間には10倍近くの格差がある。事業者間の水道料金格差が存することにより、料金の低い事業者の住民等が事業統合等広域化に同意することにメリットを感じないケースが多く、広域化実現に向けてもっとも大きなハードルとなっている。水道事業者ごとに料金体系が異なり、その統一に事業者間の調整・合意が必要なことも事業統合等広域化を困難にしている。

今回実施した事業者アンケート調査でも、広域化（広義）を進める際の課題として、もっとも多い79.3%の事業者が「料金格差」を挙げている。

②財政状況の格差

有利子負債の水準といった事業者間の「財政状況の格差」も、広域化実現に向けての大きなハードルとなっている。財政状況の比較的良好な事業者は、事業統合等広域化を好まないケースが多い。逆に財政状況の厳しい事業者は、広域化の相手先を見つけることすら困難なケースもある。

今回実施した事業者アンケート調査でも、57.3%の事業者が広域化を進める際の課題として「財政状況の格差」を挙げている。

また、同アンケート調査によると、都・政令市といった給水人口規模の大きい事業者ほど、あるいは配水管使用効率が高い事業者ほど、財政状況の格差をハードルとして認識する傾向にある。

給水人口規模の大きい事業者や配水管使用効率が高い事業者は、財政状況の比較的恵まれた事業者であると推察されることから、住民や議会の説得といった観点等から、財政状況の厳しい事業者との事業統合等に消極的であることがうかがえる。

③施設整備水準の格差

事業者間の「施設整備水準の格差」の存在も、事業統合等広域化実現の大きなハードルとなっている。「施設整備水準の格差」とは、管路や浄水場の更新投資・耐震化投資の進捗状況や、浄水場の施設水準（高度浄水処理方式の採用の有無等）などが挙げられる。「財政状況の格差」と同様、施設整備水準の高い事業者は事業統合等広域化を好まない傾向にあり、逆に施設整備水準の低い事業者は広域化の相手先を見つけることすら困難なケースもある。

今回実施した事業者アンケート調査でも、50.5%の事業者が「施設整備水準の格差」を広域化を進める際の課題であると回答している。

また、「財政状況の格差」と同様に、都・政令市といった給水人口規模の大きい事業者ほど、あるいは配水管使用効率が高い事業者ほど、施設整備水準の格差をハードルとして認識する傾向にある。

給水人口規模の大きい事業者や配水管使用効率が高い事業者は、施設整備水準が比較的高い事業者であると思われることから、住民や議会の説得といった観点等から、施設整備水準の低い事業者との事業統合等に消極的であることがうかがえる。

（3）事業者間および関係者間の調整の困難さ

①事業者間の意見調整

先に述べた地域間格差の存在により、広域化を計画する事業者間（地方公共団体間）の利害が対立するケースが多く、その調整には相当の期間を要する場合が多い。実際に事業統合を実現したケースを見ると、構想段階から実際の事業統合まで10年前後の期間を要している。

②都道府県の調整能力不足

地域間格差を乗り越え事業統合等広域化を実現するには、都道府県によるイニシアチブの発揮や事業者間の調整が期待される。厚生労働省も2013年に策定した「新水道ビジョン」の中で、都道府県に対し広域的な事業者間調整機能や流域単位の連携推進機能としてのリーダーシップの発揮を求めており、都道府県全体を包含する指針として「都道府県水道ビジョン」の策定を求めている。

しかし、今回実施した事業者アンケート調査によると、広域化の際の中心となる主体に関する質問に関して、県の用水供給事業者のうち「県（の営む用水供給事業および自社）が中心になることが望ましい」と回答した事業者は40%にとどまるのに対し、「政令市や広域企業団等末端給水事業者が中心になることが望ましい」と回答した事業者は65%に及ぶ。広域化に関し、当事者として中心的な役割を担うことに消極的な県が多いことが推察される。

実際、県が自ら経営する用水供給事業を核とした垂直統合の検討に消極的なため、末端給水事業者間の水平統合にとどまった事案や、県の事業統合計画が現実的ではないため、市町村のイニシアチブで事業統合を進める事案もある等、県の調整能力やイニシアチブが不足しているケースも見られる。

③自社単独経営（自前主義）へのこだわり

事業者（地方公共団体）によっては、自社単独での水道事業経営にこだわり、広域化に積極的でないケースが見られる。首長が単独経営にこだわるケース、議会・住民がこだわるケース、水道事業に携わる職員がこだわるケース等がある。

自前主義にこだわる理由としては、新設した浄水場が広域化により活用されなくなることを回避したいケースもあれば、ただ単に名称や伝統にこだわるケースもある。中には、単独での独自経営の持続可能性が厳しい状況であるにもかかわらず、広域化を拒み、単独経営を維持しようとするケースも見られる。

④議会・住民理解の欠如

今回実施した事業者アンケート調査によると、広域化を進める際の課題として53.2%の事業者が「住民等水道使用者・議会の理解」を挙げる。原因としては、水道事業の経営状況、とりわけ人口減少や維持更新投資の増加などを踏まえた上での将来の経営状況の現実的な姿が議会・住民に理解されていないことが考えられる。

（4）管理の一体化について

（1）～（3）で見た通り、広域化の中でも事業統合の実現にはハードル（解決すべき課題）が多く、事業統合が計画ないし検討されたものの、当事者の反対により頓挫したケース、あるいは当初予定された事業統合のスキームから事業者が脱退するケース等が多く見られる。

そこで、事業統合のさまざまなハードルを回避することで事業者間の意見の相違や対立を乗り越え、広域化を実現する方法として管理の一体化が実施されるケースもある。管理の一体化は事業の統合を伴わないため、地理的なハードルや地域間格差の影響をほとんど受けない。事業者間および関係者間の調整に関しても、議会・住民の理解さえあれば事業者間の意見の調整に長期間を費やす必要もなく、各事業者の自社単独経営を維持したまま広域化を実現することも可能である。

ただし、管理の一体化の場合は、施設の統廃合や市町村域を超えた水道システムの再構築を伴わないため、事業統合のメリットのうち、施設整備・運用におけるメリットは伴わない。それでも、職員数の削減等合理化の実現に伴う運営コストの削減や民間事業者の活用等に伴う経営効率化によるメリットおよび、ノウハウ（技術面を含む）の共有（人手不足への対応等）や水質の改善、管理体制・緊急時体制の強化といった事業運営上のメリットなどの点で非常に大きな効果を発揮する。

県が主導的な役割を果たし、民間の資金とノウハウを活用し管理の一体化をめざす具体的な事案としては、㈱水みらい広島が挙げられる。

補章 3

広域化に伴う経済効果の考察

広域化により、具体的にどのような経済効果が実現するのであろうか。補章3では、具体的な広域化事業計画等の定量分析も交えてケーススタディを行うことで、広域化に伴う具体的な経済効果について考察した。

1 分析の概要

（1）視点

広域化に伴う経済効果を分析する場合、広域化を実施したケースと、広域化を実施せず単独で存続したケース（単独経営のケース）のシミュレーションを比較する必要がある。ただし、現状の単なる延長ではなく、給水人口の減少や施設の老朽化の進展といった予測し得る将来の変化をしっかりと織り込んだシミュレーションを行う必要がある（図表125）。

また、水道事業はインフラ事業であり装置産業であること、公益事業であり利益の極大化のみが目的ではないことから、広域化に係る投資の回収は長期間を要することが予想される。したがって、長期にわたってシミュレーションを

図表125　分析の際の視点

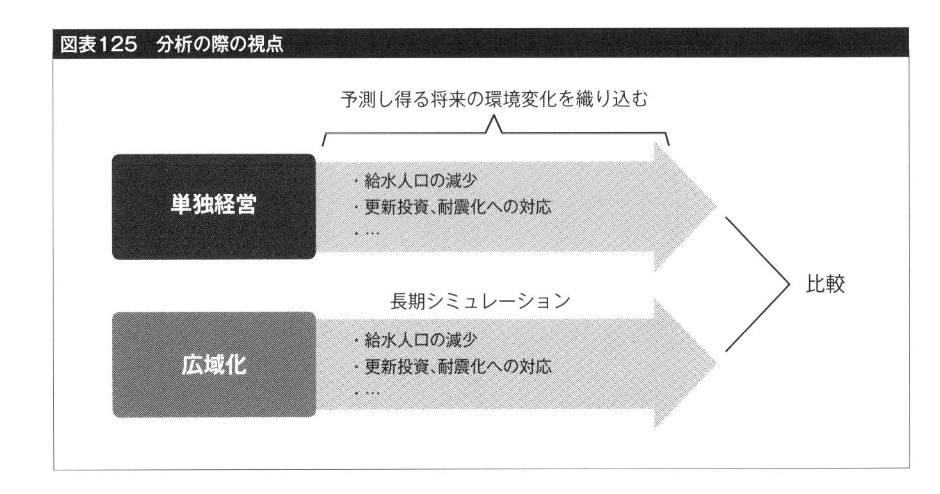

行う必要がある。実際、広域化計画の中には、事業統合実施後50年といった超長期の財政シミュレーションを実施しているケースもある。

（2）概観

広域化を実現または計画した事案における広域化事業計画等を分析した結果、広域化に伴う経済効果を概観すると以下の通りとなる（図表126）。

広域化に伴い施設の統廃合、さらには市町村域を超えた水道システムの再構築が実現することで長期的には設備投資の削減が実現される（<1>）。

そして、広域化の実現による設備投資の削減に伴い、必要とする資金が減少することから、有利子負債の削減が実現する（<2>）。

コスト面では、設備投資の削減（<1>）の結果、減価償却費が減少する（<3>）。また、有利子負債の削減（<2>）に伴い支払利息が減少する（<4>）。加えて、広域化によるスケールメリットの実現および広域化を契機とした民間

図表126　広域化に伴う経済効果

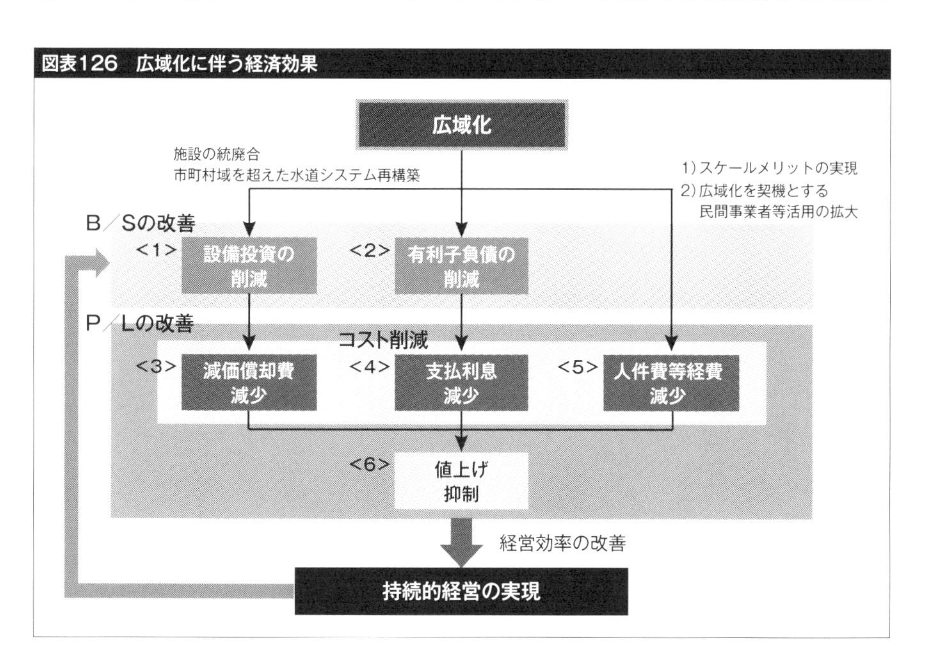

事業者等活用の拡大により、人件費をはじめとする経費も減少する（<5>）。そして経費減少の結果、水道料金の値上げが抑制される（<6>）。

以上により水道事業者の経営効率が改善されることにより、水道事業の持続的経営が可能となる。

以下、<1> ～ <5>についてより詳細に見ることとする。

2 設備投資の削減・有利子負債の削減

広域化の中でもとりわけ事業統合を実施する場合、施設の統廃合や水道システムの再構築が伴うため、短中期的なスパン（10年程度）では設備投資が増加するケースが多い。なお、短中期的な設備投資の増加に対応する財源措置として、厚生労働省は、都道府県が取りまとめた広域化等に関する事業計画に基づき、広域化等に要する経費の一部を交付する「生活基盤施設耐震化等交付金」を設け、広域化の被統合事業者（統合先）および統合事業者（統合元）が行う水道施設整備費（更新等）の1/3を上限として財政支援を実施している。

一方、長期的な視点に立つと、施設の統廃合や水道システムの再構築により、更新投資等の大幅な削減が図られ、結果的にはおのおのが単独経営を続けた場合と比較して設備投資の総額の削減を達成することができる（図表127）。

加えて、広域化を実施した事業者は設備投資の削減等で確保した財源により有利子負債の削減を実現することができる。

図表127 設備投資の削減・有利子負債の削減（中長期的、イメージ）

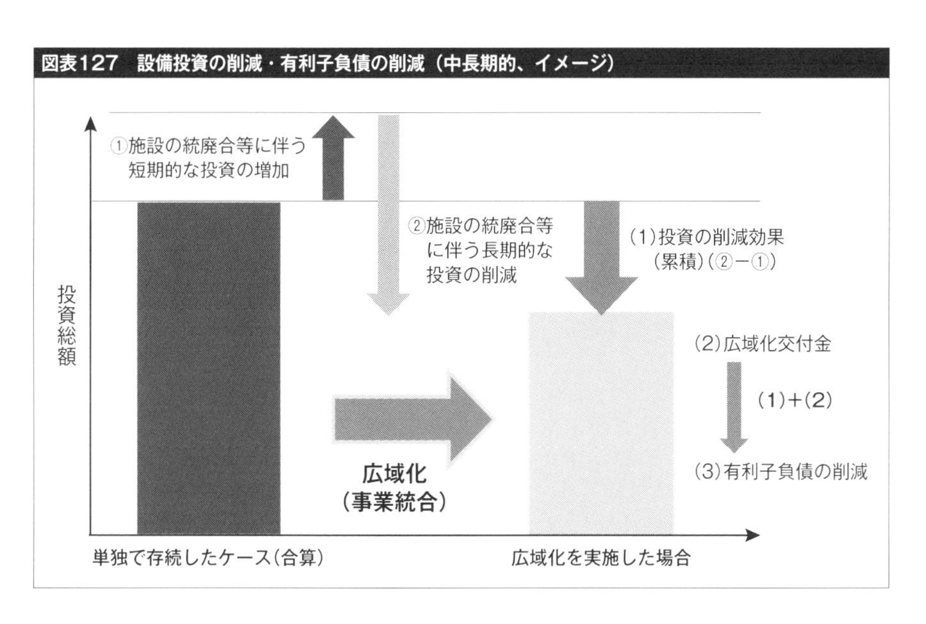

3 コスト削減

（1）減価償却費の削減・支払利息の削減

コスト面では、施設の統廃合や市町村域を超えた水道システムの見直しに伴う設備投資の増加により、短期的には減価償却費の増加が予想される。

しかし、事業統合を実施したあるいは計画する事業者の事業計画書等を分析すると、中期的（10年程度）には設備投資の増加に伴う減価償却費の増加は軽微なものにとどまることが多い。具体的には、市町村域を超えた水道システムの見直しに伴う大規模な設備投資を計画している事業者ですら、減価償却費（10年程度の合算値）は増加するケースでも若干の増加（3%程度）にとどまっている（むしろ減少を計画する事業者もある）。理由としては、事業統合に伴い新規に設備投資を実施することで減価償却費が増加する反面、事業所の統廃合等により減価償却費が削減されることから、最終金額（ネット）では減価償却費の増加は軽微にとどまるか、場合によっては減少することが考えられる。

また、長期的には設備投資の削減等に伴う有利子負債の削減により、単独で存続したケースと比較して支払利息負担も減少する。事業統合を計画する事業者の広域化事業計画を分析すると、事業統合に伴う有利子負債の削減により、10年程度の合算値で40%を超える支払利息の減少を計画する事業者もある。

（2）人件費等運営経費削減

広域化により運営経費の削減が実現される。経費削減の中心は、職員の削減による人件費の削減である。

実際に事業統合を計画する事業者の広域化事業計画を分析すると、シミュレーション期間中（10～50年程度）の総額で、ほとんどの事業者が10～40%超もの人件費の削減を計画している。なお、人件費の削減（職員数の削減）については、これまでの経営合理化により現状でも職員の不足している事業者もあることから、単純に削減幅のみで評価すべきではない点は留意が必要である。

また、広域化に伴い、修繕費やシステムに関する費用といった諸経費の削減も実現する。

これら広域化に伴う運営経費の削減は、その削減要因により、①施設や重複部門の統廃合およびスケールメリットの実現による運営経費の削減と、②広域化を契機とする民間事業者等の活用の拡大による運営経費の削減に分類される。

①施設や重複部門の統廃合およびスケールメリットによる運営経費の削減

広域化に伴い、施設の統廃合や、本部機能や営業所など管理部門の統廃合等による重複部門の削減等により、人件費の削減をはじめとする諸経費を削減することが可能である。

また、スケールメリットの実現により各種原材料の調達コスト削減を行うことも可能である。さらに、ノウハウの共有に伴う経営効率化の実現による運営経費の削減も期待できる。

②広域化を契機とする民間事業者等の活用の拡大による運営経費の削減

広域化（事業統合）を計画する中で、これまでの業務運営の抜本的な見直しを行い、民間事業者への業務委託の拡大や包括業務委託、DBOの実施等民間事業者の活用を拡大する事業者が多い。

とりわけ事業規模の拡大（スケールメリットの実現）により、民間事業者側が業務を受託しやすくなることもあり、広域化の結果、民間事業者の活用が容易になるといった側面もある。

③人件費等経費削減の分析

広域化を契機に、業務委託の拡大や包括業務委託の実施など民間事業者の活用を拡大する場合、新たに委託費等の負担が生じることから、諸経費が増加する。しかし、広域化事業計画書等を分析すると、民間事業者の活用による人件費をはじめとする経費削減効果が経費の増加を上回るケースがほとんどである。

また、民間事業者の活用拡大による経費の削減効果（ネット）は非常に大きく、重複部門の統廃合やスケールメリットの実現による運営経費の削減効果を上回るケースが多い（図表128）。

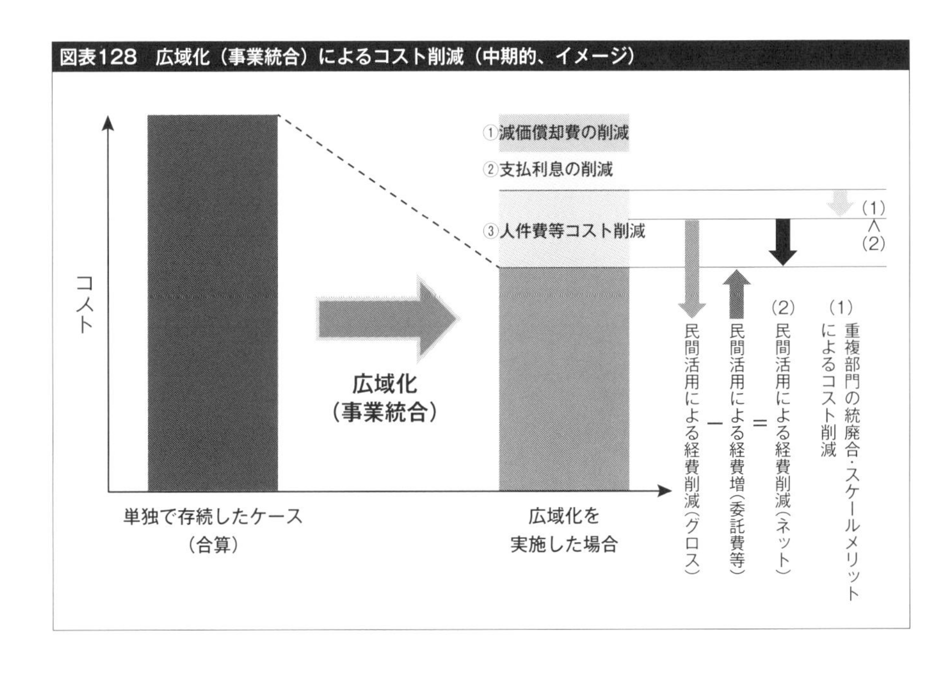

図表128　広域化（事業統合）によるコスト削減（中期的、イメージ）

補章 4

行政レベルでの広域化実現へ向けた方策

補章2および補章3では、事業統合を中心とする広域化について、そのメリットと実現に向けてのハードル（課題）を整理した上で、広域化に伴う経済効果を分析した。

水道事業者がさまざまなメリットのある広域化を実現し持続的な経営を可能にするためには、さまざまなハードル（課題）を乗り越える必要があるが、補章4では、水道広域化の実現に向けて関係者に求められる視点や取り組みについて考察したい。

まず1では、国が広域化推進の条件整備として取り組むべき課題・方策の一例を整理している。

続いて2では、広域化をより効果的かつ円滑に進めるために、公営水道事業者が取り組むべき課題・方策について整理している。具体的には、事業者が

（1）広域化に着手する際、検討すべき課題・方策、

（2）広域化の法的な仕組み（スキーム）を考える際、検討すべき課題・方策、

（3）広域化の効果の最大化を図るために検討すべき課題・方策、

（4）円滑に広域化を実現するために検討すべき課題・方策、

の4つの観点から整理している。

1 国が取り組むべき課題および方策の例 ―水道料金算出基準の統一―

現在、我が国の水道料金には事業者が強制的に順守すべき統一的な算定基準がないため、おのおのの事業者が独自の基準で水道料金を決定している状況にある。そのため、おのおのの水道事業者のコスト構造を踏まえた本来あるべき料金水準の把握は困難であり、事業者間で実質的なコスト構造の比較を行うことは難しい。

加えて、料金収入の減少や施設の老朽化による更新需要等を勘案した場合に算出される本来徴収すべき水準の水道料金を徴収せず、維持更新投資等を先送りにすることで一時的に減価償却費を減らし、利益を確保するケースもある。こういった背景もあり、水道料金のみならずその算出基礎となる給水費用、その内訳（個別の費用）などに関しても、現状では単純に事業者間で比較することが困難である。

そこで、地域固有の事情はあるものの、全国で統一した水道料金算出基準を設定し各事業者が採用することにより、水道事業者のコスト構造の正確な把握のみならず、水道料金やコスト構造の事業者間の横並びの比較も容易となり、水道事業経営の透明性確保に繋がるものと考えられる。

水道事業経営の透明化により、住民や議会が現状を把握することが容易となり、広域化をはじめとする抜本的な事業の見直しの必要性について議会・住民等の理解を深めることにも繋がり、結果として広域化による事業基盤の強化を推進するきっかけとなり得ると考えられる。

2 公営水道事業者が取り組むべき課題および方策

（１）広域化の検討にあたって

①広域化のメリットの確認

広域化を検討する場合、まずは広域化によって実現するメリットの内容を確認する必要がある。そして、そのメリットが最大化される事業者間の組み合わせによる広域化を図ることが重要である。

とりわけ事業統合の場合は、最大の広域化メリットである水道システムの統廃合・再構築によるメリットが最大化される事業者間の組み合わせによる統合を検討する必要があると考えられる。

②用水供給事業者（主に県）を中心とする垂直統合

水道事業者間の事業統合にはさまざまな事業者の組み合わせが考えられるが、末端給水事業者が用水供給事業者から用水供給を受けている場合には、用水供給事業者が中心となりその供給先の末端給水事業者と統合する垂直統合が、水道システムの統廃合・再構築の効果を最大限生かす観点からもっとも統合効果が大きいと考えられる。

とりわけ複数の事業者が地域間格差を乗り越え垂直統合を実現するためには、広域化においてイニシアチブの発揮が期待される県の用水供給事業が中心となって垂直統合を実現することが期待される。

③同じ流域内における事業統合

同じ流域内で事業統合を実施する場合は、水源の抜本的な見直しや、浄水場からの効率的な配水システムの再構築を計画することが比較的容易である。また、流域が異なることによる河川法上の制約（国土交通省や水源のある地方公共団体の同意取得等）の影響を受けにくい。

中でも主力浄水場が標高の高いエリアに立地する事業者や、主力浄水場が地理的に他の市町村と近接している事業者は、同じ流域に属する隣接する事業者との事業統合によって水道システムの再構築を図ることが比較的容易である。

（2）法的な仕組み（スキーム）について

①既存の一部事務組合や広域連合等の活用

事業統合を行う場合、新たに水道事業を実施するための企業団（一部事務組合のうち、地方公営企業の事務を共同処理するもの）を新設するケースがほとんどである。企業団は、組織や施設の安定的な管理・運営に優れた手法であるものの、運営にあたっては構成団体間の意思統一や事務的調整等に時間と手間がかかることに加え、企業長をはじめとする役職員の人件費をはじめ、コスト負担も相応にある。

そこで、例えば構成団体が水道事業以外（環境、消防、医療など）で既に一部事務組合や広域連合による取り組みを実施している場合は、既存の一部事務組合・広域連合等を活用し、その事務に水道事業を追加すれば、新たに水道事業を実施するための事業団を新設することに伴う事務的調整や人件費等コストの増加を最小限に抑えることが可能である。

②事務の委託、事務の代替執行の活用

職員の高齢化による技術的人材の不足等の解決策として、民間への業務委託（水道法上の第三者委託を含む）の実施が行われているが、水道事業の場合は、政令市等大規模事業者がマネジメント等を含むトータルでの運営ノウハウを有していることから、同じ地方公共団体である政令市等大規模事業者に業務の委託（地方自治法上の「事務の委託」）を行う事業者も存在する。

とりわけ、水道事業は公益性の高い事業であることから、「事務の委託」は水道事業における基幹業務の民間事業者への業務委託に抵抗を感じる事業者

や、民間のノウハウ水準等に懸念を有する事業者も比較的容易に活用することができる。

さらに、2014年11月施行の地方自治法の改正により創設された「事務の代替執行」は、委託団体が事務権限を保持したまま、委託団体の事務処理の基準で実施できる。そのため、例えばノウハウ不足や脆弱な執行体制に悩む小規模町村等が都道府県に水道事業の事務の代替執行を依頼した場合、都道府県は小規模町村等の名前で当該町村等の事務を執行できる。今後、小規模水道事業者等の支援方策として幅広い活用が期待される。

(3) 広域化の効果の最大化

①民間事業者の活用等の拡大

広域化が実現されたケースを見ると、広域化を契機として業務委託や第三者委託、DBOをはじめとする民間事業者の活用等を拡大することで、業務の効率化を進めるケースが多い。広域化による規模の拡大により、民間事業者側が業務を受託しやすくなることも一因であると考えられる。

具体的な事例としては、事業統合後に、水道事業の第三者委託（包括委託）を実施する事例、浄水場の運営の民間委託の範囲を拡大する事例、浄水場等の整備にDBOを活用する事例等が挙げられる。

結果として、広域化に伴う経済効果に関して、広域化を契機に民間事業者の活用等を拡大したことによるコスト削減効果が、広域化によるスケールメリットの実現によるコスト削減効果を上回るケースが多い。

したがって、広域化を実施する際には、これまでの事業全般を洗い直し、民間事業者の活用等を拡大することによって、さらなるコストの削減を図ることができないか、そのためにはどのような民間事業者活用のスキームが適しているのかを検討することが重要であると考えられる。

②用水供給事業者／末端給水事業者間における負担の見直し

同じ用水供給事業者から用水供給を受けている（複数の）末端給水事業者が水平統合を行う場合、これまで個々の末端給水事業者が用水供給事業者と個別に締結していた用水供給契約を、新事業者に一本化することが可能である。用水供給契約の一本化により、構成団体間でより円滑に用水供給量の融通を行うことが可能となる。

しかし、用水供給契約の一本化による構成団体間（旧末端給水事業者間）の用水供給量の融通は、契約数量（責任数量）の減少に繋がり、用水供給事業者としては計画していた収入が減少することに繋がるため、用水供給契約の改定（一本化）に応じないケースも見られる。水道事業広域化の進展による全体としての事業効率化、コスト削減の観点から、広域化の場合は、用水供給事業者と末端給水事業者間における負担の見直しに取り組むことが求められる。

（4）円滑に広域化を実現するためのポイント

①トップダウン、ボトムアップ

実際に事業統合や管理の一体化といった水道広域化を実現したケースでは、地方公共団体の首長がトップダウンで企画立案・実行したケースと、現場の職員たちがボトムアップで企画立案・実行したケースとがある。

広域化（事業統合）によるさまざまなメリットの中でももっとも効果が大きいと考えられる水道システムの抜本的な再構築を検討できるのは、実際に水道システムのマネジメントを行う各水道事業者の職員のみと言ってよい。逆に事業者（地方公共団体）の個別利害や枠を超えて水道広域化を強力に推進できるのは、事業者（地方公共団体）のトップである首長しかいない。

現実に広域化がうまく進捗するケースは、検討の初期段階では首長または職員いずれかのイニシアチブで始まるものの、広域化の進捗に伴って首長と職員が一体となり住民・議会の理解を得て、広域化を推進していく事例が多い。

②キーパーソンの存在

水道広域化が実施、検討されているケースでは、広域化検討の先頭に立ち、首長と職員の間を結び、事業者間や国・県等との間の調整を行うキーパーソンが存在することが多い。

③柔軟なプロセス・仕組みの採用

水道料金をはじめとする事業者間の地域間格差の存在等が、円滑な事業統合等広域化の大きなハードルとなることが多い。このような場合は、地域の現状に即した柔軟なプロセスで事業統合等広域化を進める必要がある。

例えば、広域化を進める際、最大のハードル（課題）となるのは水道料金の格差である。とりわけ事業者間で料金格差が大きく、広域化により水道料金の値上げを伴う事業者が出てくる場合は、水道料金の統一が問題となり広域化が進まないケースも見受けられる。このような場合は水道料金の調整により広域化が頓挫することを回避するために、まずは事業統合等広域化を実施し、水道料金の統一は統合後に構成団体間で改めて協議する方式を検討することもできると考えられる。

また、垂直統合の場合、末端給水事業者ごとに用水供給への依存度が異なることから、末端給水事業者間で受水費の負担割合が問題となるケースもある。このような場合は、事業体としては1つの事業に統合するものの、会計上は用水供給事業と末端給水事業の区別を残すことで、統合前の末端給水事業者（地方公共団体）ごとにそれぞれ応分の用水供給事業に関する負担（具体的には受水費の負担）を担うような仕組みも検討に値すると思われる。

④職員の出向・転籍

企業団の新設等の形で広域化を実現した後、円滑な水道事業の移管や引き継ぎといったノウハウの継承のため、統合先の企業団等あるいは管理の委託先に統合元、委託元の地方公共団体等から職員を派遣する必要がある。その際、職員を出向といった形で派遣するだけでなく、転籍まで踏み込んで行う事例もある。

職員の転籍を行うことのメリットとして、派遣される職員が水道事業に専念することでより円滑な事業移管が行われること、ノウハウがより継承されやすいことが挙げられる。

＜執筆者一覧＞

【監修】

地下誠二（日本政策投資銀行 常務執行役員）

【執筆】

中村欣央（日本政策投資銀行 前 地域企画部担当部長）
：第1章、第3章、第4章、補章1 ～ 4

足立慎一郎（日本政策投資銀行 地域企画部担当部長・PPP/PFI推進センター長）
：全体編集、第4章～第6章

橋本泰博（日本政策投資銀行 前 地域企画部課長）
：第1章～第4章、補章1 ～ 4

橋本陽則（前 日本政策投資銀行 地域企画部・PPP/PFI推進センター調査役）
：第4章～第6章

村田瑞穂（日本政策投資銀行 前 地域企画部・PPP/PFI推進センター調査役）
：第4章～第6章

瀬戸隆一（前 日本政策投資銀行 地域企画部副調査役）
：第1章、第3章、第4章、補章1 ～ 4

大山剛史（前 日本政策投資銀行 地域企画部副調査役）
：第1章～第4章、補章1 ～ 4

【編集協力】

荘 浩介（日本政策投資銀行 地域企画部課長）
柳 洋介（日本政策投資銀行 地域企画部・PPP/PFI推進センター調査役）
迫 謙太郎（日本政策投資銀行 地域企画部副調査役）
水口あゆみ（日本政策投資銀行 地域企画部・PPP/PFI推進センター）

【特別寄稿】

京才俊生（ヴェオリア・ジャパン㈱ 営業本部PPP推進部長）
：第5章－5

【監修】
地下誠二（じげ・せいじ）
1963年生まれ、1986年東京大学法学部卒業後、日本開発銀行（現：日本政策投資銀行）入行、プロジェクトファイナンス部課長としてPFI案件への融資や地方公共団体等へのアドバイスを担当。その後、経営企画部長などを経て2015年6月より常務執行役員（地域企画部、ストラクチャード・ファイナンス部、北陸・東海・九州・南九州の各支店を担当）。公職は、国土審議会計画推進部会特別委員他、いくつかの地方公共団体の有識者会議のメンバーに就任している。

【編著】
日本政策投資銀行　地域企画部
地域課題解決や地域活性化・地域創生へ向けて、国や地方公共団体、民間事業者、地域金融機関等と連携・協働しつつ、交流人口の増加、地域資源の有効活用、官民連携（PPP/PFI）といった切り口から、各種調査・情報発信・提言やプロジェクト・メイキング支援などに幅広く取り組んでいる。

日本政策投資銀行 Business Research
水道事業の経営改革
広域化と官民連携（PPP/PFI）の進化形

2017年11月8日　第1刷発行

監修 ―――― 地下誠二
編著 ―――― 日本政策投資銀行　地域企画部
発行 ―――― ダイヤモンド・ビジネス企画
〒104-0028
東京都中央区八重洲2-3-1住友信託銀行八重洲ビル9階
http://www.diamond-biz.co.jp/
電話 03-6880-2640（代表）

発売 ―――― ダイヤモンド社
〒150-8409　東京都渋谷区神宮前6-12-17
http://www.diamond.co.jp/
電話 03-5778-7240（販売）

編集制作 ―――― 岡田晴彦・水早將
編集協力 ―――― 前田朋
装丁・本文デザイン ―――― 村岡志津加
DTP ―――― 齋藤恭弘
印刷進行 ―――― 駒宮綾子
印刷・製本 ―――― 中央精版印刷

ISBN 978-4-478-08428-1